设施蔬菜

安全高效生产关键技术

姚明华　汪李平　周国林●主编

长江出版传媒　湖北科学技术出版社

序 言
Preface

为提高科研院校农业科技成果转化率，提升农村农技推广服务能力，因应我国农业发展新常态，实现农业发展方式转变和供给侧结构调整，农业部办公厅、财政部办公厅先后联合印发《推动科研院校开展农技推广服务试点实施指导意见》和农财【2015】48号文《关于做好推动科研院校开展重大农技推广服务试点工作》的通知，选择10个省（直辖市）为试点省份，依托科研院校开展重大农技推广服务试点工作，支持发展“科研试验基地+区域示范基地+基础推广服务体系+农户”的链条式农技推广服务新模式，形成以主导产业为核心，技术创新为引领，通过技术示范、技术培训、信息传播等途径开展新型推广服务体系建设，使科学技术在农业产业落地生根、开花结果。

湖北是我国重要的农业大省，是全国粮油、水产和蔬菜生产大省，也是本次试点省之一，根据全省产业特点，我省选择水稻和园艺作物（蔬菜、柑橘）两个主导产业开始试点工作。湖北园艺产业(蔬菜、柑橘)区位优势和区域特色明显，已被列入全国蔬菜、柑橘生产优势产区，是湖北农民增收的重要产业。湖北省是蔬菜的适宜产区，十三大类560多个种类的蔬菜能四季生长，周年供应。2014年全省蔬菜（含菜、瓜、菌、芋）播种面积1890万亩左右，总产量4000万吨左右，蔬菜总产值1070亿元，对全省农民人均纯收入的贡献超过850元；全省柑橘栽培面积368万亩，产量437万吨，产值近百亿元。

湖北省园艺产业重大农技推广服务试点项目围绕我省有区域特色的高山蔬菜、水生蔬菜、露地越冬蔬菜、食用菌、柑橘等，集成应用名优蔬菜新品种50个，成熟实用的产业技术50项，组建8个园艺作物（蔬菜、柑橘）安全生产技术服务体系。本系列丛书正是以示范推广的100余项新品种、新技术、新模式为基础，编写的《湖北省园艺产业农技推广实用技术》丛书，全书图文并茂，言简意赅，技术内容针对性、实用性较强，值得广大农民朋友、生产干部、农技推广服务工作者借鉴与参考，也是我省依托科技实现园艺产业精准扶贫的好读本。

湖北省农业科学院党委书记

湖北省农业厅党组成员

刘晓洪

2015年9月

《湖北省园艺产业农技推广实用技术丛书》编委会

《设施蔬菜安全高效生产关键技术》编写名单

本 册 主 编：姚明华　汪李平　周国林

本册副主编：王　飞　尹延旭　李　宁　王孝琴

本册参编人员：王　飞　王运强　王孝琴　尹延旭　刘志雄　李　宁　杨建良　杨新华
（按姓氏笔画排序）邱正明　汪李平　宋朝阳　陈磊夫　周国林　姜正军　祝　花　姚明华
郭凤领　矫振彪　戴照义

目 录
Contents

目 录
Contents

一、设施蔬菜栽培的主要形式

设施蔬菜栽培是依靠一定的设施在局部范围改善或创造出适宜蔬菜生长、发育的良好环境条件而进行的有效生产，通常又将其称为反季节栽培、保护地栽培等。采用设施栽培可以达到避免极端温度、暴雨、强光照射等逆境对蔬菜生产的危害，已经被广泛应用于蔬菜育苗、春提前和秋延迟栽培。设施蔬菜栽培属于高投入，高产出，劳动力密集型的产业。我国地域宽广，因地形、地貌、气候及土壤等条件差异较大，加之经济技术基础不一，形成了不同的设施栽培形式，如地膜覆盖栽培、薄膜大棚栽培、连栋大棚栽培、智能温室栽培、日光温室栽培、遮阳网覆盖栽培栽培、防虫网栽培等。湖北省常见的蔬菜栽培设施是日光温室、塑料大棚、遮阳网、防雨棚和防虫网。

（一）日光温室

日光温室是充分利用太阳能，采用不加温的方式进行蔬菜早春和晚秋栽培，以生产新鲜蔬菜的栽培设施，是我国独有的设施。前坡面夜间用保温材料覆盖，东、西、北三面为围护墙体的单坡面塑料温室，统称为日光温室。日光温室的结构各地不尽相同，分类方法也比较多。按墙体材料分，主要有干打垒土温室、砖石结构温室、复合结构温室等；按后屋面长度分，有长后坡温室和短后坡温室；按前屋面形式分，有二折式、三折式、拱圆式、微拱式等；按结构分，有竹木结构、钢木结构、钢筋混凝土结构、全钢结构、全钢筋混凝土结构、悬索结构、热镀锌钢管装配结构。

日光温室的特点是保温好、投资低、节约能源，非常适合我国经济欠发达的农村地区使用。

连栋温室园区

连栋温室

（二）大棚

我国南方地区常用的大棚类型，根据棚架材料主要可分为装配式钢管大棚、竹木大棚和钢纤维增强水泥大棚三大类。单体大棚的跨度一般有6米、8米两种，为了方便机械耕作，现多用8米或以上跨度的大棚。此外，还可将大棚分为单栋大棚和连栋大棚。

单栋钢架大棚（一）

单栋钢架大棚（二）

1. 钢管大棚

（1）装配式镀锌钢管薄壁大棚（单栋）。装配式镀锌钢管薄壁大棚（简称钢管大棚）是我国定型生产的系列标准大棚，最初由中国农业工程研究设计院设计制造（GP系列大棚），后来这种大棚发展出20多种不同规格的系列产品。目前我国南方地区使用较多的是中国农业工程研究设计院设计的GP系列大棚、中国农业科学院石家庄农业现代化所设计的PGP系列大棚、上海农业机械研究所设计的P系列大棚等。

装配式镀锌钢管大棚以热镀锌薄壁钢管制成拱架。这种棚架的特点是：①耐腐蚀性强，设计使用寿命可达10～15年；②棚架各部件之间均用专用卡件连接，装配拆卸方便；③坚固，可抗9～10级大风，抗雪荷载能力达20～25千克/平方米（相当于15厘米左右厚度的大雪）；④架材轻巧，一个标准大

连栋大棚（一）

连栋大棚（二）

棚全重约500千克，搬运方便；⑤通风换气方便。但这种大棚的缺点是保温性较差，冬季夜间最低气温与露地相差很小，晴朗的冬季夜晚会出现温度逆转现象。

（2）连栋大棚。又称连跨大棚，是由两栋或两栋以上的拱形或屋脊形单栋大棚连接而成的一种大棚类型。由两个单栋大棚连接的称为二连栋大棚，由3个单栋大棚连接的称为三连栋，以此类推。目前蔬菜生产所使用的一般均是三连栋及三连栋以上的连栋大棚。

连栋大棚是近年来随着大棚蔬菜规模化生产的迅速发展而兴起的。20世纪80年代后期至90年代初期，浙江、江苏、上海等省（直辖市）从以色列、荷兰、西班牙等国引进了多种类型的连栋大棚，但这些连栋大棚不仅价格高（每亩15万～20万元人民币），而且运转成本很高，因此，这些引进的连栋大棚并不适合在我国应用。根据上述情况，国内部分温室设备厂，如上海长征温室设备厂、上海市农业机械研究所、江苏常熟开成温室设备厂、杭州温室设备厂自行研制生产了一批造价较低、比较适合我国南方气候特点的连栋大棚。这些连栋大棚一般顶高4～5.5米，肩高（天沟高）2.5～3.5米，单栋跨度5.4～8米。

连栋大棚的优点是土地利用率高（比单栋大棚提高25%左右）、操作管理方便、适合机械化操作、温度稳定性好、有利于多层覆盖，单位面积的产出效益也较高，缺点是投资成本相对较高（每亩8万～10万元人民币）、升温稍慢。

2. 竹木大棚

钢管大棚具有较多的优点，但其造价高，如一个标准大棚（6米×30米）需要投入4300元左右，占地1亩（1亩折合667平方米）的连栋大棚价格在8万元以上，一般菜农还是难以承受。因此，一些地方利用毛竹或木材制作毛竹（木）大棚，制作方便，又降低了成本，目前在许多地区推广使用，是我国南方地区（特别是广大的农村地区）普遍采用的一类大棚类型。竹木大棚的棚架由中立柱、边立柱、端立柱、中纵梁、边纵

单栋竹架大棚（一）

单栋竹架大棚（二）

梁、端横挡、拱片等7个主要部件和门框等辅件组成。

竹木结构的大棚根据跨度及一个大棚所包含的单体大棚数可分为单栋竹木大棚、大跨度竹木大棚等。

（1）单栋竹木大棚。竹木大棚的长、宽、高可根据栽培地的大小和形状、当地的气候条件（尤其是秋冬季的风雪情况）、材料等进行适当调整，如大棚宽度可在4～6米范围内调整，大棚长度可在15～40米内变动等。

水泥骨架大棚

普通单栋竹木大棚的优点是安装方便、成本低，缺点是透光率低（比一般的钢管大棚低约10%）、通风不便、棚内湿度较高。

（2）大跨度竹木大棚。由于普通的竹木大棚较矮小，各项农事操作不便，所以，一些具有一定技术水平、实践经验丰富的菜农自己设计建造了大跨度竹木大棚。大跨度竹木大棚的跨度一般在6～14米。

大跨度竹木大棚自20世纪90年代初开始应用以来，如今已在许多地区推广。这种大跨度竹木大棚的主要功能是有利于进行多层覆盖、通过纵横固定而具有较强的抗倒塌能力（能抗9级大风和13厘米厚的积雪）、土地利用率高、成本低，缺点是大棚骨架选材讲究、安装要求产格、透光率相对较低。

3. 钢纤维增强水泥大棚

钢纤维增强水泥大棚的拱架以低碱早强水泥为基材、钢纤维为增强材料。这类大棚以江苏省宜兴市蔬菜办公室专利产品X·SRC大棚为代表。其优点是坚固耐用、钢材用量少、使用寿命长、成本低（每亩约5000元），但这类大棚搬运移动不便。目前在我国南方地区推广面积不大。

大跨度竹木大棚（一）

大跨度竹木大棚（二）

（三）遮阳网、防雨棚和防虫网

1. 遮阳网

遮阳网是采用聚乙烯（PE）、高密度聚乙烯（HDPE）、聚丁烯（PB）、聚氯乙烯（PVC）、回收料、全新料等为原材料，经紫外线稳定剂及防氧化处理，具有抗拉力强、耐老化、耐腐蚀、耐辐射、轻便等特点。主要用于蔬菜、花卉、食用菌、苗木、药材等的保护性栽培和水产家禽养殖业等。

遮阳网主要应用在夏季，在南方应用面积大。有人形容说：北方冬季是一片白（薄膜覆盖），南方夏季是一片黑（覆盖遮阳网）。我国南方地区在夏季利用遮阳网栽培蔬菜已成为防灾保护的一项主要措施。北方应用还只限于夏季蔬菜育苗。夏季覆盖遮阳网能起到一种挡光、挡雨、保湿、降温的作用，还能有效防止虫害迁移；冬春季覆盖具有一定的保温、增湿作用。

2. 防雨棚

防雨棚是在多雨的夏秋季，利用塑料薄膜等覆盖材料，扣在大棚或小拱棚的顶部，使作物免受雨水的直接淋洗的一种设施。

温室外遮阳网

温室内遮阳网

大棚型防雨棚（一）

大棚型防雨棚（二）

（1）大棚型防雨棚。即大棚顶上天幕不揭除，四周揭除以利通风的防雨棚，也可挂上20~22目的防虫网防虫，可用于各种蔬菜的夏季栽培。

（2）小拱棚型防雨棚。主要用于露地西瓜、甜瓜早熟栽培。小拱棚顶部扣膜，两侧可通风，保护西瓜、甜瓜开雌花部位不受雨淋，以利授粉、受精，也可以用于育苗。前期两侧膜封闭，后期再打开，实行促成早熟栽培，是一种常见的先促成后避雨的栽培方式。

（3）温室型防雨棚。我国南方地区夏季多台风、暴雨，因此，多建立玻璃温室型防雨棚，顶部为玻璃屋面，四周玻璃可以开启，设窗以通风，用于夏菜育苗。

3. 防虫网

防虫网覆盖栽培是一项实用的环保型农业新技术，通过将乙烯丝编织而成的防虫网覆盖在棚架上构建人工隔离屏障，将害虫拒之网外，切断害虫（成虫）繁殖途径，有效控制各类害虫如菜青虫、菜螟、小菜蛾、蚜虫、跳甲、美洲斑潜蝇、斜纹夜蛾等的传播，并可预防病毒病传播的危害。防虫网可以创造适宜作物生长的有利条件，大幅度减少菜田化学农药的施用，为发展生产无污染的绿色农产品提供了强有力的技术保证，广泛应用于制作蔬菜繁原种时隔离花粉传入用，马铃薯、花卉等组培脱毒后隔罩及无公害蔬菜生产栽培等，也可以应用于烟草育苗时作防虫、防病等用，是物理防治各类农作物、蔬菜害虫的首选产品，为我国菜篮子工程作出贡献。

防虫网栽培

二、设施蔬菜栽培技术

由于设施栽培常年连作，加上管理技术参差不齐，化肥、农药过量使用等，导致土壤条件恶化，病虫害发生严重，因此，设施蔬菜的产量、质量和效益不稳定，个别地区呈逐年下降趋势，已经影响到设施蔬菜的可持续发展。设施蔬菜安全高效生产关键技术的示范与推广，对于解决目前设施蔬菜生产上的突出难题，提升设施栽培现代化水平，促进农业增效、农民增收，保障生态环境友好等方面，具有非常重要意义。目前常见的设施蔬菜安全高效生产关键技术如下。

（一）地膜覆盖栽培技术

1. 地膜覆盖的特点

地膜覆盖栽培不能简单地看作是一般露地加上一张地膜，更不能看成是“放任栽培”或“懒汉种田”。它是一项综合性的新型早熟高产栽培技术，具有以下几个特点。

（1）要在地面铺盖一张地膜，地膜的厚度为普通农用膜的1/8～1/6，膜要紧贴地面，然后打孔种植。因此，对土壤耕作及种植方法上有特殊的要求，作畦以高厢、窄畦为佳。

（2）由于在地面覆盖的地膜很薄，且要在农作物整个生长期中保持完好，因此，铺膜质量的好坏是地膜覆盖栽培成败的关键。

（3）在作物生长期中，一般不追肥或少追肥，因此，肥料应一次性施入，即在整地作畦时分层施下大部分或全部肥料。地膜覆盖栽培对肥料的种类、施用数量以及施用方法上都有不同的要求。

（4）地膜覆盖栽培时，中耕、除草、施肥以及浇水可以减少或省去。地膜覆盖栽培的作物生长中后期追肥和灌水次数、数量和方法，与露地栽培和塑料大、小棚覆盖栽培所要求不同。

（5）作物采收结束后，应及时清除田间废旧地膜。

在进行地膜覆盖栽培时，一定要了解上述这些特点，才能熟练地掌握好地膜覆

平畦覆盖

高畦覆盖（一）

高畦覆盖（二）

沟畦覆盖

盖栽培技术。

2. 常见的地膜覆盖方式

地膜覆盖的方式因自然条件、作物种类、生产季节及栽培习惯不同而异。

（1）平畦覆盖。畦面平，有畦埂，畦宽1~1.65米，畦长依地块而定。播种或定植前将地膜平铺畦面，四周用土压紧。平畦覆盖地膜便于浇水，但浇水易造成淤泥溅到畦面。覆盖初期有增温作用，随着淤泥污染的加重，到后期又有降温作用。一般多用于北方种植葱、大蒜等蔬菜，小麦、棉花等农作物及果树苗扦插也可采用。

（2）高垄覆盖。畦面呈垄状，垄底宽50~85厘米，垄面宽30~50厘米，垄高10~15厘米，垄距50~70厘米。地膜覆盖于垄面上。每垄种植单行或双行的甘蓝、莴笋、甜椒、花椰菜等。高垄覆盖受光较好，地温容易升高，也便于浇水。但旱区垄高不宜超过10厘米。

（3）高畦覆盖。畦面为平顶，高出地平面10~15厘米，畦宽1~1.65米。地膜平铺在高畦的面上。一般用于多雨地区种植高秧的蔬菜，如瓜类、豆类、茄果类以及粮食、棉花作物。高畦覆盖增温效果较好，但畦中心易发生干旱。

（4）沟畦覆盖。将畦作成50厘米左右宽的沟，沟深15~20厘米，把育成的苗定植在沟内，然后在沟上覆盖地膜，当幼苗生长顶着地膜时，在苗的顶部将地膜割成十字，称为割口放风。晚霜过后，苗自破口处向膜外生长，待苗长高时再把地膜划破，使苗落地，地膜仅覆盖于根部，即俗称的“先盖天，后盖地”。沟畦覆盖栽培时可提早定植7~10天，既可保护幼苗不受晚霜危害，又起到护根的作用，从而达到早熟、增产增收的效果。早春可提早定植甘蓝、花椰菜、莴笋、菜豆、甜椒、番茄、黄瓜等蔬菜及粮食等作物。一般多用于缺水地区。

（二）遮阳网覆盖栽培技术

遮阳网覆盖栽培具有遮光、调温、保墒、防暴雨、防大风、防过速冻融、防病虫鼠鸟害等多种作用。遮阳网覆盖栽培与露地栽培相比，平均亩产量、亩产值、亩纯收入分别增长26%、34%、38%；每茬可少喷一两次农药，节省开支16~32元；十字花科蔬菜育苗，省种30%，秧苗成苗率提高20%~60%；与传统的芦帘覆盖栽培比较，每亩省工8个；覆盖成本每亩降低450元，节约成本75%。遮阳网有75%和45%两种遮光率的，高遮光率的只适宜于花卉和耐阴蔬菜上使用，一般蔬菜生产普遍用45%遮阳网。

1. 遮阳网的主要功用

（1）降低畦面气温及土温，改善田间小气候。遮阳网能降低畦面气温及土温，营造一个适合蔬菜生长的小气候环境。据试验：高温季节可降低畦面温度4~5℃，最大降温幅度为9~12℃。

（2）改善土壤理化性质。遮阳网能保持土壤良好的团粒结构和通透性，增加土壤氧气含量，有利于根系的深扎和生长，促进地上部植株生长，达到增产目的，亦可促进雨天直播或育苗的种子出土良好。

（3）遮挡雨水。遮阳网能防止暴雨直接冲刷畦面，减少水土流失，保护植株叶片完整，提高商品率和商品性状。试验表明，采用遮阳网覆盖后，暴雨冲击力比露地栽培减弱98%。

（4）减少土壤水分蒸发，保持土壤湿润，防止畦面板结。据调查，覆盖遮阳网后，土壤水分蒸发量比露天栽培减少60%以上。

（5）保温、抗寒、防霜冻。晚秋、冬季、早春使用遮阳网覆盖，可起到抵御寒害和霜冻的效果，棚内气温比棚外提高1~2.8℃。

（6）避害虫、防病害。据调查，遮阳网避蚜效果达88.8%~100%，对菜心病毒病防效为89.8%~95.5%，并能抑制多种蔬菜病害的发生和扩散。

（7）其他方面。遮阳网覆盖还能提早播种，使蔬菜提前上市；提高出芽率和成活率30%~50%；减少淋水次数，节约用水，节省用工。此外，遮阳网使用寿命长，比覆盖稻草成本降低50%~70%，省工25%~50%，遮阳网体积小，贮运方便，操作简单，适合菜农使用。

2. 遮阳网选用方法

遮阳网覆盖的时间长短视作物种类、天气和栽培季节而定，一般高温干旱、光照强时覆盖时间可长些，阴天、天气转凉、光照时间少则覆盖时间可短些：如秋季天气已转凉，芥蓝、芥菜、芫荽、生菜等一般覆盖15~20天。

在进行遮阳网覆盖栽培时，为了充分发挥遮阳网的遮光、降温和防暴雨作用，应采取相应的栽培管理措施。揭盖遮阳网应根据天气情况及蔬菜对光照强度、温度的要求灵活把握。一般应做到晴天盖，阴天揭；大雨盖，小雨揭；晴天中午盖，早晚揭；前期盖，后期揭。芥蓝、芥菜、芫荽、生菜在夏季进行反季节栽培时可进行全生育期覆盖。由于覆盖后创造了一个较适合蔬菜生长的小气候环境，植株生长速度会明显加快，对肥水要求也比非覆盖时要高，同时病害也较多，因此，须加强肥水管理和病虫害防治工作，切不可因覆盖而轻管理。

（1）芹菜、芫荽以及葱蒜类等喜冷凉，夏秋季栽培中、弱光性蔬菜，多选用SZW-12、SZW-14等遮光率较高的黑色遮阳网覆盖。

（2）番茄、黄瓜、茄子、辣椒等喜温，中、强光性蔬菜夏秋季生产，根据光照强度选用银灰网或黑色SWZ-10等遮光率较低的黑色遮阳网；避蚜、防病毒性疾病，最好选用SZW-12、SZW-14等银灰网或黑灰配色遮阳网覆盖。

（3）菠菜、莴笋、塌菜等耐寒、半耐寒叶菜冬季覆盖，选用银灰色遮阳网有利于保温、防霜冻。

（4）夏秋季育苗或缓苗短期覆盖，多选用黑色遮阳网覆盖。为防病毒性疾病，亦可选用银灰网或黑灰配色遮阳网覆盖。

（5）全天候覆盖的，宜选用遮光率低于40％的网或黑灰配色网；也可选用SZW-12、SZW-14等遮光率较高的遮阳网，单幅间距30~50厘米覆盖，亦可搭设窄幅小平棚覆盖。

3. 遮阳网的覆盖方式

遮阳网的覆盖方式主要有平棚、小拱棚、大拱棚以及浮面覆盖。

（1）平棚覆盖。用角铁、木桩或石柱搭平棚架，上用小竹竿、绳子或铁丝固定遮阳网。架高、畦宽不一。因有一定高度，早、晚阳光可直射畦面，有利于蔬菜进行光合作用，防止徒长，亦可遮强光、防暴雨，多为全天候覆盖，可节省用工。常用的是小平棚及大平棚两种，而以小平棚的覆盖成本低、易操作、效果好，最受菜农欢迎。小平棚高度用篱竹搭成简易立架，距地面0.8~1米，宽1.2~1.5米，既稳固，又要方便拆除。

（2）大（中）棚覆盖。利用大（中）棚架进行遮阳网覆盖，又分4种：①棚顶固定式覆盖。遮阳网直接盖在棚顶上，网两侧离地1.6~1.8米，中午遮强光，早、晚见光，此法可节省经常性揭盖管理用工；②棚顶活动式覆盖。棚膜上盖遮阳网，网一侧用卡槽固定，另一侧系绳子，视天气情况揭盖。此法省工、省时，可遮阳、避雨，主要用于育苗、制种和留种，降温效果好；③棚内悬挂式覆盖。利用大（中）棚架，在棚内离地1.2~1.4米处将遮阳网悬挂于畦面上，主要用于芹菜、花菜等育苗及栽培，此法通风效果好，不需每天揭盖；④棚内二道幕覆盖。即在棚肩上拉一道遮阳网帘，主要用于蔬菜育苗和栽培。

（3）小拱棚覆盖。利用小拱棚的棚架，或临时用竹片（竹竿）做拱架，上用遮阳网全封闭或半封闭覆盖。一般用于芹菜、甘蓝、花椰菜等出苗后防暴雨遮强光培育壮苗或小青菜类以及茄果、瓜类蔬菜栽培等。

（4）浮面覆盖。又称畦面覆盖，即将遮阳网直接盖在畦面上，主要用于播种出苗和大田直播蔬菜。

温室遮阳育苗

温室遮阳栽培

4. 覆盖栽培类型及技术要点

（1）夏秋菜高温期育苗。

①覆盖方法。大（中）棚上黑色遮阳网和薄膜结合覆盖，盖顶不盖边，膜防雨，网遮阳，降温效果好，一般6米跨度的棚架，需用幅宽6米的遮阳网直接覆盖，压膜线固定。

②管理技术。在30~35℃的晴天，上午9时盖，下午4时揭；气温高于35℃时，上午8时盖，下午5时揭。晴天盖，阴天揭；播种至齐苗、移苗至成活连续盖；齐苗和活棵后视天气情况或揭或盖。

③配套农艺。一是减少播种量30%左右；二是减少浇水次数；三是深沟高畦，沟渠配套，能排能灌，防止雨涝渍害。其他育苗技术常规处理。

（2）伏菜栽培。播种至齐苗多采用全天候浮面覆盖，网上淋水。3~5天后，用棚架支起做小拱棚或用木桩支起做平棚覆盖，或利用大（中）棚架覆盖栽培。晴天上午阳光强烈时盖，下午阳光较弱时揭，阴天不盖网；暴雨前盖，雨后揭；为节省用工，可采用高桩平棚全天候覆盖；采收前5~7天揭。

（3）春菜提前栽培，秋菜延后栽培。视覆盖蔬菜的高矮或用浮面覆盖、小拱棚、平棚以及大（中）棚覆盖均可，方法及管理技术同前。

（三）防虫网覆盖栽培技术

防虫网覆盖栽培是除地膜覆盖、遮阳网覆盖外的又一无公害栽培新技术，通过构建人工隔离屏障，将害虫“拒之门外”。采用这一技术在夏秋季栽培叶菜类蔬菜，完全可以实现在其生育期内不喷施杀虫剂，因此，在一些发达国家被广泛应用。

1. 蔬菜防虫网的原理

防虫网是一种以添加防老化、抗紫外线等化学助剂的优质聚乙烯为原料，经拉丝制造而成，具有抗拉强度大，耐热、耐水、耐腐蚀、耐老化，无毒无味、废弃物易处理等优点。以防虫网构建的人工隔离屏障，可将害虫阻挡在网外，造成害虫视觉错乱，改变害虫行为，从而达到防虫的效果。防虫网技术是简便、有效、先进的环保型农业新技术，是无公害蔬菜生产的首选技术。

2. 防虫网的类型

目前生产上应用的主要有3种防虫网，可以满足不同蔬菜品种对光照的要求和驱避害虫的需要。①银灰色或铝箔条防虫网，避蚜效果好，且可降低棚内温度；②白色防虫网，透光率较银灰色的好，使用较普遍，但夏季棚内温度略高于露地，适用于大多数喜光蔬菜的栽培；④黑色防虫网，遮阳、降温效果好。目前市面上常见的防虫网，宽幅一般为1～2.4米，可根据实际情况选择。目数代表防虫网孔径大小，目数过少，网眼大，起不到应有的防虫效果，目数过多，网眼小，会增加棚内温度及生产成本。夏秋大棚以覆盖18～25目的防虫网银灰色最为适宜，可阻隔成虫进入网内。

3. 防虫网的应用范围

（1）叶菜类。小白菜、夏大白菜、早豌豆苗、早菠菜的生产周期短，露地栽培害虫多，农药污染重，采用防虫网覆盖后，整个生长期不需要喷洒农药。

（2）茄果类、瓜类。应用防虫网覆盖栽培秋青椒、秋番茄、秋西瓜，可控制抗性害虫为害，抑制病毒病发生。

（3）秋菜育苗。秋花椰菜、秋甘蓝育

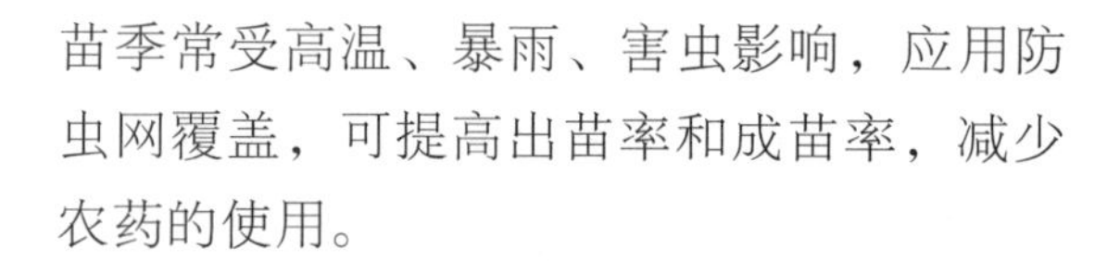
苗季常受高温、暴雨、害虫影响，应用防虫网覆盖，可提高出苗率和成苗率，减少农药的使用。

4. 防虫网的覆盖形式

（1）大棚覆盖。即利用已有的大棚覆盖防虫网，实行全封闭覆盖，又可分为单个大棚覆盖和2～4个大棚连续覆盖。四周用土或砖压严压实，留正门揭盖，方便出入。

（2）浮面覆盖。即在夏秋菜播种或定植后，把防虫网直接覆盖在畦面或作物上，待齐苗或定植苗移栽成活后揭除。如果在防虫网内增覆地膜，并在防虫网上增覆两层遮阳网，防虫、抵御突发性自然灾害的效果更佳。

（3）小拱棚覆盖。以钢筋或竹片制成拱棚架于大田畦面，拱棚上方全封闭覆盖遮阳网，四周压实，覆盖前进行除草和土壤消毒。小拱棚的高度、宽度根据蔬菜的种类、畦面的大小而异。通常棚宽不超过2米，棚高为40～60厘米。这种方法特别适合在没有钢管大棚的地区推广。

（4）立柱式平顶覆盖。将3～5亩的一块田，以水泥杆为支柱，全部用防虫网覆盖起来。

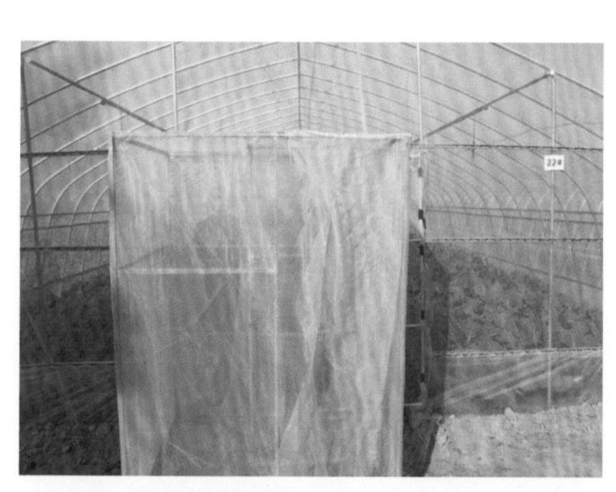

防虫网覆盖栽培（一）

防虫网覆盖栽培（二）

5. 防虫网使用技术要点

（1）实行全程覆盖。防虫网遮光不多，应全程覆盖。一般风力不用压网线，如遇5～6级大风，需拉上压网线，防止被风吹开。

（2）覆盖前进行土壤消毒和化学除草，这是防虫网覆盖栽培的重要配套措施。一定要杀死残留在土壤中的病菌和害虫，阻断害虫传播的途径。播种前对土壤进行处理防治地下害虫，每亩用5%丁硫克百威颗粒剂2千克撒施，或用40%辛硫磷乳油1000倍液对土表喷雾，施药后浅翻盖土以防药物光解；防治土传病害，可用99%噁霉灵可溶性粉剂3000倍液或80%多福锌可湿性粉剂600～800倍液对土表喷雾。

（3）夏季控湿排水。如果整个生育期使用防虫网覆盖，夏季网棚内高温、高湿，在地下水位较高、雨水较多的地区，应采用深沟高厢栽培，以利于排灌，并保持适当的湿度，夏天浇水应在太阳升起前或落山后，浇水时要注意控湿，否则易诱发烂菜。但在气温特别高时，适当增加浇水次数，以湿降温。

（4）进出大棚时要将棚门关闭严密，防止害虫特别是蚜虫乘虚而入，传播病毒病。在进行农事操作（如嫁接、整枝、摘心）时，应事先对有关器物进行消毒，防止病菌从伤口侵入，确保防虫网的使用效果。

（四）高效节水灌溉技术

蔬菜生产上主要采用传统的明水沟灌和漫灌方式，不仅造成了水资源的大量浪费，湿度过大还会增加病虫害发生的概率。因此，改变传统灌溉方式，推广高效节水灌溉技术是解决水资源短缺最直接、最有效的途径。近年来，我国推广肥水一体化运用，将现代灌溉技术与农艺技术进行有机结合，开发了适宜在蔬菜产区大面积推广的膜下滴灌等多项蔬菜节水技术，初步实现了节水、节肥、省工、省力、高产、高效的目标。

目前推广应用的蔬菜节水技术主要有4种：滴灌、膜下暗灌、膜下微灌和喷灌。

1. 蔬菜滴灌技术

蔬菜滴灌技术是将水加压、过滤，通过低压管道送至滴头，以点滴方式滴入蔬菜作物根部的一种灌溉方式。它由水源（一般为节省成本可以选用废旧柴油桶，去盖、清洗、改装成水箱）、阀门、输水管道和滴头4个大部分组成。输水管的间距根据种植的蔬菜品种而调整。在输水管（带）上覆一层地膜处理效果会更佳。滴灌的优点有6个。

（1）节水。滴灌用水仅为地面灌溉的1/3、喷灌的1/2。在棚室蔬菜生产上采用滴灌，可显著节约水资源、改善设施内蔬菜生产环境，降低生产成本，提高经济效益。

（2）省肥。较沟灌平均省肥40%。

（3）省工。实现管理自动化，加上不需要平田整地、开沟作畦、人工或机械追肥等，减少了田间灌水和追肥的劳动量和劳动强度。

（4）节能。与喷灌比，灌水量少，抽水量少，抽水扬程低，减少了能量消耗。

（5）减少病害。膜下滴灌不打湿植物叶面，垄沟内基本没有水，空气湿度下降，棚膜上没有水滴，抑制了病菌对植物的危害。

（6）提高产量。滴灌能适时适量向植物根区供水供肥，还可调节植株间的湿度和温度，使土壤水分经常维持在适宜的状态。此外，土壤水分运动主要借助于毛细管作用，不破坏土壤团粒结构，有利于土壤养分的活化。因此，产量一般较大水漫灌高20%～30%。

滴灌系统可以有效调节灌水流量，适用于山区、丘陵和平原等不同度条件下的土壤灌溉。

由于滴灌投资大，技术含量高，适用于经济条件较好的地区种植效益较高的蔬菜、花卉等经济作物。建议在设施蔬菜栽培生产中重点推广膜下滴灌技术。膜下滴灌是在大棚、温度中将地膜栽培技术与滴灌技术有机结合，即在滴灌带或滴灌毛管上覆盖一层地膜，通过安装在毛管上的滴头、孔口或滴灌带等灌水器，将水一滴滴均匀、缓慢地渗入农作物根际的土壤中。这种技术与科学施肥、农药喷洒、种植管理技术和栽培有机地结合起来，可节水、节肥、节药、提高有限的棚室土地利用率，还可压盐降碱、提高地温，使土壤始终保持疏松和最佳含水状态，提高设施蔬菜品质和产量。但滴灌技术也有一定缺点，主要为以下3个方面。

滴灌水源

（1）滴头容易堵塞。由于滴头的孔径较小，容易被水中的杂质、污物堵塞。因此，滴灌用水需进行净化处理。一般应先进行沉淀除去大颗粒泥沙，再经过滤器过滤，除去细小颗粒的杂质等，特殊情况下还需进行化学处理。

（2）限制根系发展。由于滴灌只湿润植株根区的部分土壤，加上植株根系生长的向水性，因而会引导植株根系向湿润区生长，从而限制了根系的生长范围。因此，在干旱地区采用滴灌时，要正确布置滴头，在平面上要布置均匀，在深度上最好采用深埋式。

（3）灌水量小。连续采摘的果类蔬菜需水量较大，使用滴灌时应适当加大灌水量，否则对产量有一定影响。

2. 膜下暗灌技术

膜下暗灌技术是蔬菜定植后，在两个小行之间的沟上覆盖一层塑料薄膜，做成灌水沟，在膜下沟中进行灌溉，两个相近大行之间不覆盖地膜。其优点有3个：①投资成本最少，每亩成本约50元左右；②省水，易于管理。根据试验，膜下暗灌技术比传统的畦灌节水50%～60%，比不覆膜沟灌可节水40%左右；③适合设施、露地等各种形式的瓜菜栽培。由于成本较低，目前在蔬菜生产中推广应用的较为普遍。

3. 膜下微灌技术

膜下微灌系统一般由微型首部、输水管道和灌溉器3个部分组成，是用很小的微喷头将水喷洒在土壤表面上或喷洒在地膜下流到土壤表面。在灌溉的同时，把肥料加入微灌系统，可实现肥水同灌。膜下微灌一般包括膜下微喷灌、渗灌、涌流灌和雾灌等。优点主要有：比大水漫灌节水50%以上，增产幅度达30%以上；能准确地控制灌水量，要求的工作压力比较低；灌水的流量较小，每次灌水时间比较长，两次灌水之间的时间间隔短，所以土壤水分变化幅度小，即根区的内土壤能一直保持在适合作物生长的湿度。

膜下微灌主要适用于设施蔬菜栽培中地面灌溉或其他灌水方式难以保障的保护地生产。如温室工厂化育苗对湿度有较高要求，用微灌技术可直接实现对作物的灌溉或调节保护地室内环境湿度或温度。目前，设施蔬菜栽培中应用较多的就是膜下微灌技术。它是在滴灌和喷灌的基础上逐步形成的一种新的灌水技术。微灌时水流以较大的流速由微喷头喷出，在地膜或空气阻力的作用下粉碎成细小的水滴降落在地面。微喷头出流孔口和流速均大于滴灌的滴头流速和流量，有效避免灌水器的堵塞。微灌还可将可溶性化肥随灌溉水直接喷洒到作物叶面或根系周围的土壤表面，提高施肥效率，节省化肥用量。

常用的蔬菜微灌模式有3种。

（1）小单元微灌系统。系统由微型首部、输水管道和灌溉器3个部分组成。微型首部采用单相或三相小功率自吸式水泵，在其上安装滤网式过滤器和吸肥器，形成体积小巧、功能齐全、移动轻便的枢纽整体。吸肥器置于水泵入水口处，通过水泵的吸力，在灌溉的同时，把肥料吸入微灌系统，实现肥水同灌，肥料的用量和浓度可人为调控。输水管采用外径25毫米、管壁厚2.5毫米的黑色聚乙烯塑料管，灌溉器可根据不同蔬菜的需求采用内镶式滴灌管或微型喷灌器。该系统具有成本低、结构紧凑、轻巧实用的特点，适用于家庭式小规模生产。一般每亩成本400～600元。

（2）自流式微灌系统。是在有自然地势落差（5～10米）的耕地上部建造容积数十或数百立方米的小型蓄水池，利用地势落差产生自然水压，用塑料管连接蓄水池和耕作地的滴灌系统。该系统可有效解决用电不便的问题，即使在不用电和泵的情况下也可使用，适合于在灌溉山区、半山区和丘陵等非平坦地形上的蔬菜。这种灌溉装置可把山区以往流失的细小水源蓄积起来，成为可灌溉水资源，做到“小水大用”。

（3）变频恒压微灌系统。该系统可根据用水量的变化自动确定水泵的运行台数及电机泵组的速度以调节流量，实现节电和自动化控制，即在管网中设置水压传感器，当供水系统用水量发生变化时，变频控制器根据供水系统中瞬时变化的流量和相应压力，自动调节水泵的转速和运行台数，改变水泵出水口的压力和流量，使供水系统中的末端压力按设定压力保持恒定。水泵能自动开闭，管网随时供水，达到供水、需水平衡。这种微灌系统能自动运行，无须人工值班管理，可节电50%，且能保障水泵和管网的安全，达到提高供水品质和高效节能的目的，适合大型设施蔬菜生产园区或基地应用。

微灌系统

膜下微灌

4. 喷灌技术

喷灌是喷洒灌溉的简称，即利用动力机、水泵、管道等专门的设备将水加压或利用水的自然落差将水送到喷灌地段，通过喷头将水喷射到空中散成细小的水滴后均匀地喷洒在田间的一种灌溉方法。主要应用于大田蔬菜种植中。喷灌既适用于平原也适用于山区，适用于各种土壤。不仅可以用于浇水，还可用于喷洒肥料、农药，能防冻霜，防暑降温和防尘等。喷灌的灌溉水利用系数可达0.72～0.93，比明渠输水的地面灌溉省水30%～50%，在透水性强、保水能力差的沙质土地，省水可达70%以上。喷灌后地面均匀湿润，均匀度可达80%～90%。喷灌适用区域：①集中连片的、经济效益较高的作物种植区；②经济条件较好，劳动力紧张的地区；③水源有足够的落差，适宜修建自压灌溉的山丘区；④需要调节田间小气候的作物；⑤灌溉水源不足或高扬程、深井灌区；⑥地形复杂或土壤透水性较强，难以进行地面灌溉的地区。但喷灌技术也存在以下三方面的缺点。

（1）喷灌质量受天气情况影响较大。首先，受风的影响大，一般3～4级风以上，水滴在空中易被风吹走，大大降低了灌溉均匀度，而且会加大蒸发损失；其次，高温干燥时，水滴在空中的蒸发损失较大，有时可以达到10%，这样增大了灌溉用水量，不利于节约用水。因此，在多风或干旱季节，考虑到一般早、晚风小，相对湿度较高，喷灌常利用夜晚和早上进行。

（2）喷灌强度过大时，对湿润土壤表层比较理想，但深层土壤湿度不足。只有延长喷灌时间（12小时），才可以提高喷灌质量。

（3）喷灌比一般地面灌溉投资大。该技术要求较高，工程建设投资较大（亩投资200～650元）。

以上4种灌溉技术都比普通浇水、明渠输水等地面灌溉省水，节水情况比较：膜下滴灌>膜下微灌>膜下沟灌>喷灌>明水畦灌。可根据当地的情况因地制宜，采取适合自己的节水灌溉方式。

目前应用的设施内滴灌设备还有两种，一是双翼软管微滴灌，主要是用双翼软管微灌带作灌水器，广泛适用于日光温室、大棚等小面积田地，在全国推广数万亩。主要特点是抗堵塞性能好，采用地下水源可不用过滤设备，运行水压低（1～3米水柱），田间各级管道采用片状盘卷的薄壁软管，体积小、重量轻。由于不需要投资昂贵的水源净化和过滤设备，因而单独使用十分方便，符合目前我国农村现状。二是小型滴灌系统，该系统可广泛适用于大棚温室蔬菜灌溉。系统设计只需1米压力水头，滴灌均匀度可达90%。设计简单，安装灵活，每套灌溉设施（包括水源工程）可成套购买。用户需要做的只是向水箱加水，打开阀门灌溉作物。在日光温室蔬菜生产上使用滴灌系统时应注意以下几点。

①滴灌开始前，先打开支管上的阀门，使滴头能够出水；在此基础上打开上游阀门，以保证灌溉系统各个部分的安全。②严格控制滴灌的工作水头，水头不可超压或过低，否则影响灌溉质量。③施肥时，将肥料装入施肥罐，之后封闭罐盖，打开供肥阀门及进水阀门；然后关小支管阀门，使阀门前、后的输水管道内压力产生压差，从而使肥料进入输水管道中，给作物施肥。④定期检查过滤器，做到定期排沙冲洗，如发现滤网破烂需及时更换。⑤滴灌管（带）在收放时应注意不可用力拉扯扭曲，以延长使用寿命。

喷灌技术（一）

喷灌技术（二）

发展蔬菜的节水灌溉要从各地的实际情况出发，在充分考虑当地自然条件和农村社会经济水平的基础上，因地制宜地选取各种适宜的节水灌溉技术和模式。通过发展蔬菜的节水技术促进农业结构的调整、促进各种先进适用技术的应用、促进农业质量和效益的提高，推进农业现代化和产业化进程，实现蔬菜的增产、增收，用显著的经济效益引导广大农民群众发展蔬菜的节水灌溉。

（五）集约化育苗技术

蔬菜集约化育苗具有操作简便、省工省力、节约种子和农药等优点。此外，集约化育苗的秧苗健壮，能够促进蔬菜提早成熟，提高产量和效益。蔬菜集约化育苗方式主要有营养泥炭块育苗和穴盘育苗两种。

1. 营养泥炭块育苗技术

营养泥炭块是根据蔬菜苗期对养分的需求规律，以泥炭为主要原料，辅以缓释型配方肥，采用先进工艺压制而成，集基质、营养、容器于一体，简化了育苗程序，提高了幼苗质量。该技术适用于小规模商品化育苗。

（1）选用适宜规格的营养块。小粒种子的蔬菜如番茄、茄子等，宜选用圆形小孔的40克营养块；大粒种子的蔬菜如西瓜、

营养块

黄瓜、甜瓜等，宜选用圆形大孔的40克营养块；苗龄较长的蔬菜，宜选用圆形单孔的50克营养块；采用嫁接育苗的蔬菜，宜选用圆形双孔的60克营养块。

（2）播前准备与播种。提前将种子催芽露白，催芽时间视不同蔬菜而定，但芽不要过长。苗床底部平整压实后，铺一层聚乙烯薄膜，按1厘米的间距把营养块摆放在苗床上。播种前必须将营养块浇透水，可用喷壶或喷头由上而下向营养块喷水。薄膜有积水后停喷，积水吸干后再喷，反复五六次（约30分钟），直到营养块完全膨胀。营养块完全膨胀后，放置4～5小时后开始播种，种子平放穴内，上覆1～1.5厘米厚的蛭石或用多菌灵处理过的细沙土，切忌使用重茬土覆盖。吸水膨胀后的营养块比较松软，暂时不要移动或按压。双孔靠接注意播种时种子的方向和播种时间差，一般接穗比砧木早播3～5天。培育长龄苗（60～90天）不用铺薄膜，直接将营养块铺在苗床上。

（3）苗期管理。播后要保持营养块水分充足，定植前停水炼苗。喷水时不能大水浸泡，但可以在薄膜上保持适量存水，喷水时间和次数根据温度灵活掌握。由于营养块的营养面积较小，定植时间要比营养钵适当提前，只要根系布满营养块，白尖嫩根稍外露，就要及时定植。定植时带基移栽，定植后的管理同普通营养钵育苗。

2. 蔬菜穴盘育苗技术

穴盘育苗是以草炭、蛭石等轻基质材料作育苗基质，采用精量播种，一次成苗的育苗方法。穴盘育苗还可与现代温室技术、无土栽培技术、机械自动化技术、微机管理技术相配套，实行工厂化育苗。该技术适用于规模化、专业化、商品化育苗。

（1）选用适宜的基质与穴盘。配制基质的主要原料为草炭和蛭石。选用的草炭要求表层蜡质少，吸水性较好，pH值5.0左右。选用的蛭石要求粒径2～3毫米，发泡好。草炭、蛭石按2：1比例混合，粉碎过筛，使用时每立方米基质中再加入三元复合肥（N：P：K=15：15：15）2.5～3千克。也可直接选购配制好的专用基质。穴盘可根据不同蔬菜的育苗特点选用，如黄瓜、西瓜可选用50孔或72孔穴盘；番茄、茄子可选用72孔穴盘；青椒及中熟甘蓝可选用128孔穴盘，芹菜一般选用288孔或392孔的穴盘；油菜、生菜一般选用288孔的穴盘。

（2）基质装盘及播种。使用前应先清除穴盘中的残留基质，用清水冲洗干净，晾干，然后将苗盘放置在密闭的房间中，用硫黄粉、锯末混合后点燃熏烟消毒。手工播种应首先把育苗基质装在穴盘内，刮除多余的基质，然后每穴打一深孔，干籽直播。单穴播种后覆土，覆土单用较细的蛭石，用喷壶喷透水后放在催芽室中催芽。几天后待种芽刚刚出土时，将穴盘摆在育穴温室已经准备好的床面上。

（3）苗期管理。穴盘育苗由于穴间距

离小，菜苗密度大，应加强前期管理。水分管理是育苗成败的关键，整个育苗期间采取控水的办法，保持育苗穴盘不湿不干，确保秧苗不萎蔫、不徒长。育苗期间根据秧苗长势进行倒盘，使秧苗生长均匀。根据蔬菜种类和生长阶段做好温度、湿度管理。

随着我国蔬菜产业的发展和工厂化农业的推进，蔬菜育苗也由传统的土方育苗、营养钵育苗逐步向以穴盘为主的工厂化育苗方向发展。工厂化穴盘育苗出苗整齐，苗健壮、大小一致，有利于种苗商品化；根系和基质网结成根团，根系生长好；移植不易伤根，不窝根，成活率高；穴盘苗在脱盘时，移栽后无明显缓苗期，植株生长较快；种苗出圃时间不受季节限制；适合机械化操作，省工、省力；穴盘、种苗大小一致，便于远距离运输；适宜规模化生产、规范化管理，生产效率高。蔬菜穴盘育苗技术主要分以下几个步骤。

①铺电热线。春季提前育苗，一般要在12月铺电热线，此时的温度很低，为了能够满足植物生长所需的温度，就必须用电热线来提高温度。在育苗的田块上挖大约5厘米厚的土层，然后将土地整平，将挖出的土堆在畦两侧，尽可能地将土弄碎。在刚整好的土地上铺上一层地膜。在铺好的地膜上铺上电热线，但要注意电热线的行数一定要是偶数，这样其首尾在一端，有利于接线。发热部分的电热线一定要都埋在地下，通电时，裸露在外面发热的线碰在一起会因为温度高将线烧坏，导致短路。将堆在畦两边的土小心地铺在电热线上，线较薄，容易破皮，动作一定要轻。

②穴盘选择。要求穴盘质轻、易于搬运；绝热性高，冬夏均可使用；孔穴多，育苗量大，适合工厂化生产；孔穴直径、密度与苗龄相适宜；经久耐用，一年内可使用8～10次，可使用多年；适合集约化育苗，集装箱运输。穴盘一般有50孔、70孔、100孔等多种型号，孔数的选用与所育的品种、计划育成品苗的大小有关，一般育大苗用穴数少的穴盘，育小苗则用穴数多的穴盘。因有空穴存在，根据播种量计算穴盘数量，增加5%～10%的穴盘量。

苗床电热线

孔穴盘

穴盘苗

穴盘集中育苗

③基质选择与配比。选择好的基质，如保肥能力强，能供应根系发育所需养分，并避免养分流失；保水能力好，避免根系水分快速蒸发干燥；透气性佳，有利于根部呼出的二氧化碳与大气中的氧气交换，避免根部缺氧；不易分解，有利于根系穿透，又能支撑植物。基质一般由草炭、蛭石、珍珠岩3种物质组成，通常使用的比例是草炭土：蛭石：珍珠岩=3：1：1。基质pH值5.5～6.8，EC值0.55～0.75为宜。不要随意更改基质配方，以保证生产的稳产性。

④搅拌基质与装盘。在搅拌基质过程中喷一定量的水，达到湿而不黏，用手抓能成团，一松手能散开时表示水分正好。将这些基质装盘，小粒种子留的孔浅一些，大粒种子则深一些，一般装好1个盘，用刮板刮掉表面多余的基质，然后11个叠在一起，将其往下压，孔大的则用力稍微大点，孔小的力就稍微小点，然后将第1张穴盘拿走。

⑤播种。使用种衣剂直接浸种或利用温水浸种消毒。将种子放入50～60℃（凉水：开水=3：1）的温水中浸15分钟，自然

基质搅拌

基质填充

机械播种

人工播种

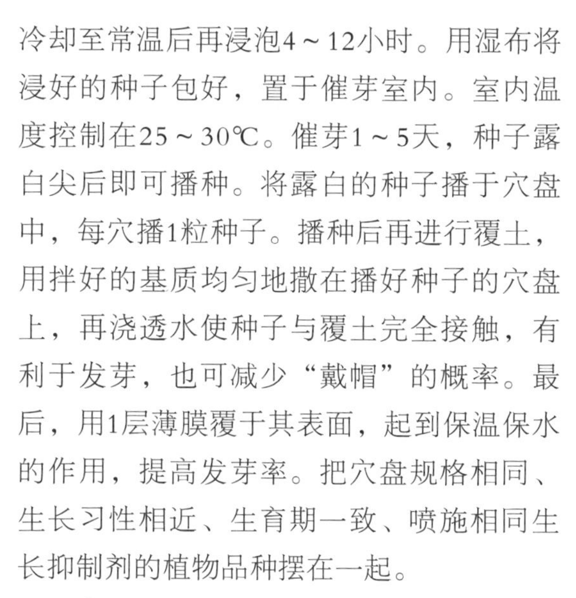

冷却至常温后再浸泡4～12小时。用湿布将浸好的种子包好，置于催芽室内。室内温度控制在25～30℃。催芽1～5天，种子露白尖后即可播种。将露白的种子播于穴盘中，每穴播1粒种子。播种后再进行覆土，用拌好的基质均匀地撒在播好种子的穴盘上，再浇透水使种子与覆土完全接触，有利于发芽，也可减少“戴帽”的概率。最后，用1层薄膜覆于其表面，起到保温保水的作用，提高发芽率。把穴盘规格相同、生长习性相近、生育期一致、喷施相同生长抑制剂的植物品种摆在一起。

⑥苗床病虫害管理。一般种子播后7天发芽，一定要及时揭膜，晚了容易出现徒长苗。病害主要是由于湿度大引起的，所以要控制好水分。用手触摸基质，感觉没有水时应立即浇水，一般2天浇1次，做到不干不浇、浇则浇透。苗期易得猝倒病、叶霉病、立枯病等，除进行基质消毒灭菌外，病害发生时可用20%禾苗乳油100倍液灌根，或用75%百菌清可湿性粉剂800倍液喷雾防治，及时清除病株，在空穴盘里撒石灰。害虫主要有潜叶蝇、白粉虱、蚜虫等，可采用张挂粘虫板，通风口使用25目防虫网等措施防治，虫害一旦发生，及时喷药防治。

（六）土壤处理技术

石灰氮是有100余年使用历史的化学肥料。20世纪60～70年代中期，石灰氮开始在我国农业上广泛应用，如作水稻的基肥、调节土壤的酸性等等。随着化肥工业的崛起，农用石灰氮因其施用时操作复杂、价格比较高等缺点而逐步被淘汰。近年来，国际上许多专家学者对石灰氮重新进行了深入研究，发现石灰氮是当前无公害农产品生产中极具使用价值的一种生产资料，使石灰氮这一古老的肥料又焕发了新的活力。

1. 石灰氮的主要特性

石灰氮学名氰氨化钙（$CaCN_2$），含氮21.5%、含钙38.5%。一般为黑灰色粉末，质地较轻，不溶于水，带有电石臭味。

石灰氮基本为粉末状，施撒时粉末飞

扬，易污染环境，同时粉末状石灰氮比重小，施用时撒布在地表或漂浮于水面上，易造成肥料的流失以及人畜的过敏、中毒。为了克服石灰氮的不良性状，目前已通过高科技手段将其制成颗粒剂，施用起来既方便，又安全可靠。

2. 石灰氮的作用

（1）农药作用。石灰氮分解过程中的中间产物氰胺和双氰胺都具有消毒、灭虫、防病的作用，可有效防治各种蔬菜的青枯病、立枯病、根肿病、枯萎病等病害及地下害虫，同时还能减轻单子叶杂草的危害。

（2）肥料作用。石灰氮是一种不溶于水的氮素肥料，其所含的氮素需要多次水解，才能变成植物可以吸收的氮素营养，因此，它是一种缓效氮肥，肥效可持续长达3～4个月。

（3）石灰氮含38.5%的钙，能满足植物生长过程中对钙的需求，是对喜钙植物有显著的作用，在国外有“果蔬钙片”之称。

（4）改良土壤和保护环境作用。石灰氮是一种碱性肥料，能改善土壤，防止土壤的酸化。

3. 石灰氮在设施蔬菜生产上的应用

（1）利用石灰氮进行土壤消毒。可有效防治蔬菜根结线虫病、枯萎病、黄萎病、菌核病等病害，并能有效抑制单子叶杂草的产生，减少田间杂草的危害。

（2）提高蔬菜产量和质量。田间试验证明，石灰氮对蔬菜有明显的增产效果，可增产约10%；其分解过程中的中间产物能抑制多种病虫害的发生，减少了农药的使用量和残留量，保障了蔬菜等农产品品的安全性。

4. 石灰氮在设施内具体使用技术

设施土壤消毒处理是确保蔬菜增产增收的一项重要技术措施。利用石灰氮进行消毒处理时需要注意以下几点。

（1）操作技术。将前作蔬菜清理干净，亩均匀撒施腐熟栏肥2500千克，还可加饼肥100千克、石灰氮25～50千克。翻耕后，土壤要保持一定的湿度，如果土壤过于干燥，适当进行浇水或灌水，保持土壤含水量70%以上；然后用农膜密闭覆盖（盖在地面），利用石灰氮分解中间产物和伏天的烈日高温进行土壤消毒。

（2）农膜覆盖时间要求为10～15天，覆盖时间越长效果越佳。揭膜后让土壤自然吸干田间水，然后亩撒施生物有机肥250千克、钙镁磷肥25千克，用开沟机开沟作畦。间隔10天后方可种植蔬菜。

（3）使用时间。7月下旬至8月上旬。

（4）使用注意事项。①施用地点不能

苗床管理

高温闷棚

石灰氮和秸秆沫土壤消毒

离鱼池、禽畜养殖场太近；②撒施前后24小时内不要饮酒；③撒施时要佩戴口罩、帽子和橡胶手套，要穿长裤、长袖衣服和胶鞋；④撒施后要漱口，用肥皂水洗手、洗脸；⑤未用完的石灰氮要密封，存放在通风、干燥处。

（七）病虫害综合防控技术

蔬菜病虫害种类繁多，发生规律复杂，为害猖獗，严重影响蔬菜的产量和质量。

蔬菜病虫害综合防治应贯彻“预防为主、综合防治”的植保方针，优先采用农业防治、物理防治、生物防治技术，禁用高毒、高残留农药，科学合理选用高效、低毒、低残留农药，把农药使用量降低到最低限度，使蔬菜中的农药残留量低于国家规定的标准，达到生产安全、优质、无公害蔬菜的目的。

1. 农业防治

采用合理的农业技术措施，增强蔬菜的抗逆性，减少病虫害的发生。

（1）推广、选用抗病虫品种。选用抗病品种是防治病虫害最经济有效的方法。不同品种对病虫害的抗性差异很大，根据气候确定重点防治对象，有针对性地引进适合的品种。由于抗性品种的表现因地而异，应用时需对其抗性和丰产性能综合评价，因地制宜选用品种。同时掌握新品种的栽培特性，充分发挥其抗性，并注意品种的抗性变化，一旦抗性丧失，要及时更新品种。

（2）种子处理。

①晒种。播种或浸种催芽前，将种子晒2~3天，可利用阳光杀灭附在种子上的病菌。

②温汤浸种。对于未包衣的黄瓜、番茄等蔬菜的种子用55℃温水浸种15~25分钟即可起到消毒杀菌的作用。

③用10%的盐水浸种10分钟，可将混入芸豆、豇豆种子里的菌核病残体及病菌漂出和杀灭，然后用清水冲洗种子，播种，可防

土壤深耕

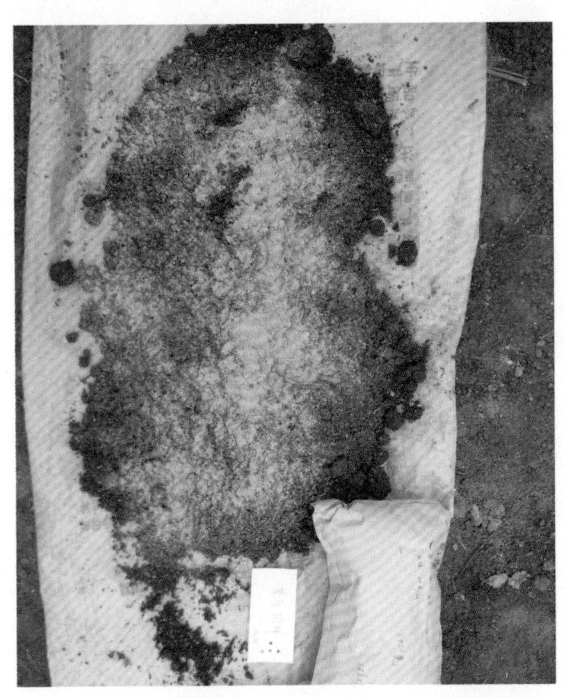
苗床土药剂处理

地膜覆盖

菌核病。

④药剂拌种。用咯菌腈、噁霉灵、多菌灵等杀菌剂拌种。

（3）土壤处理。

①深耕。深耕的目的是破坏病菌的生存环境，每次收获后深耕40厘米，借助自然条件，如低温、紫外线等，杀死一部分病菌。

②土壤消毒。育苗床或育苗温室土壤覆盖塑料膜，用太阳能进行土壤消毒，土温38~40℃消毒24小时，42℃时消毒6小时，48~51℃时消毒10分钟即可抑制根腐病等病害的发生。在夏季蔬菜换茬间隙，深耕后浇足水，盖上塑料薄膜进行高温消毒，可使上层10厘米处最高温度达70℃，4~7天后能够杀死大量病菌，这是一种简单、有效的控防方法。亦可采用石灰氮消毒法处理土壤。

③苗床处理。苗床应选用无病虫害的土壤，育苗底肥应充分腐熟、捣碎。可采用营养钵、营养块、营养盘育苗。对苗床，每亩可用多菌灵、噁霉灵、甲霜灵等可湿性粉剂1.5~2千克，拌细土20~40千克，均匀撒在苗床表面或盖种。也可播后用咯菌腈、霜霉威液剂600~800倍液浇洒苗床。

（4）定植前棚室处理。

①土壤改良。3年以上老棚，由于多年连作，土壤常营养失衡、板结，应采取多施有机肥、使用抗重茬剂或换土等措施改良土壤。新建温室，不符合标准的土壤（黏土、大粒土等）应采取换土处理。

②清园。上茬蔬菜收获后，很多病菌会附在蔬菜残叶上散落田间，进入土壤中，成为下茬蔬菜的污染源。因此，为减少病源菌基数，在上茬蔬菜收获后，彻底清除残枝落

茄子嫁接苗

瓜类嫁接苗

叶，易感根系病害的蔬菜品种要清除残根；清除的病残体及残根要带出田外集中烧毁处理。结合整地清理病株残体，铲除棚内及四周杂草，清除病虫害中间寄主。

（5）轮作换茬。采取合理、有计划的轮作倒茬，或采取休耕措施，从而改善土壤理化性质，提高肥力，减少病虫害的发生。

（6）地膜覆盖栽培、滴灌技术。大棚蔬菜实行起垄定植，地膜覆盖，膜下暗灌、滴灌技术，既便于膜下沟里浇水，减少土壤水分蒸发量，降低棚内空气湿度，抑制蔬菜病害的发生与发展，又可防止土壤病菌的传播，从而减轻病害的发生。

（7）科学施肥。在增施有机肥的基础上，全面推广测土配方施肥技术，按不同蔬菜对氮、磷、钾元素养分的需求比例，进行配方施肥。要施足底肥，勤施追肥，结合喷施叶面肥。杜绝使用未腐熟的有机肥和过多使用氮肥的现象。这样不仅能改善土壤营养状况，促进蔬菜生长发育，还可增强蔬菜抗病力，提高产量和品质。

（8）采用嫁接防病技术。茄果及瓜类采用嫁接技术，可有效地防治土传性病害。嫁接后抗性强，效果明显。

2. 生物防治

对于设施蔬菜栽培中发生的病虫害主要利用生物制剂、植物源农药、昆虫生长调节剂等来防治。

（1）利用病原微生物防治病虫害。可以利用苏云金杆菌防治菜青虫、小菜蛾等重要害虫；利用农用抗生素防治病害，如嘧啶核苷类抗菌素、农用链霉素防治细菌性病害；阿维菌素用于防治红蜘蛛、茶黄螨、斑潜蝇、小菜蛾、菜青虫等瓜茄类重要害虫，均能取得较理想的高效、低毒控害作用。

（2）利用植物源制剂防治害虫。利用苦参碱、烟碱、楝素、除虫菊等植物源农药防治多种害虫。近几年菜农使用苦参碱、烟碱、除虫菊等植物源农药防治蔬菜害虫，效果很好。

生物导弹防治

性诱剂防治

3. 生态防治

生态防治法是利用蔬菜与病虫害生长发育对环境条件要求不同，创造有利于蔬菜生长发育而不利于病虫害发生发展的生态环境条件，从而减轻病虫害发生。

（1）调节温湿度防病。由于霜霉病、灰霉病和白粉病等在高于32℃和相对湿度低于80%的条件下害较少发生。黄瓜、番茄适宜光合温度为18~28℃，且上午8~12时就完成光合量的70%~80%。因此，采取上午适当早揭草苫，延长光照时间，并注意适当通风，使棚温低于28℃，湿度低于80%。午后闭棚，使棚温短时间升至33℃，以高温抑制病菌发生发展，然后再放风排湿。在下午高温排湿后，夜间棚内空气湿度也相对降低，可减轻结露，有利于抑制病菌传播，减轻病害的发生。

（2）适时合理浇水。在大棚蔬菜冬春寒冷期间浇水，可采取“三不浇三浇和三控”措施，即阴雨不浇，晴天浇；下午不浇，上午浇；不浇明水，浇膜下水；苗期控制浇水，连阴天控制浇水，低温时控制浇水。这样能有效地抑制疫病等喜高温高湿及耐低温病菌的发生和漫延。

4. 物理防治

（1）灯光诱杀。利用害虫的趋光性，采用频振式杀虫灯，在棚室密闭的前提下对棚内害虫进行诱杀；利用杀菌灯的紫色荧光对病菌进行杀灭。灯光诱杀减少了农药用量，省工、省力、方便，经济效益、生态效益和社会效益都很明显。

（2）黄板诱杀。利用害虫对颜色的趋性进行诱杀。在大棚内悬挂，20厘米×30厘米规格黄色粘虫胶板每亩悬挂20片左右，高度与株高平齐，防治蚜虫、白粉虱、斑潜蝇等害虫效果极佳。

（3）安装防虫网。在夏秋季害虫发生阶段，将棚室用孔径为25～40目，幅宽

频振式杀虫灯防治

1～1.2米防虫网封闭，可有效隔离部分害虫的发生，达到防虫保菜的目的。

5. 化学防治

坚持以预防为主，做到及时、高效、经济、安全、环保的要求，严格控制农药安全使用的间隔期，保证农药残留不超标。

（1）安全用药。选用植物性、生物性药和昆虫生长调节剂农药，有限量地使用部分高效、低毒、低残留农药，严格执行施药后的安全间隔期，防止农药残留超标和人畜中毒现象发生。

严禁在蔬菜上使用剧毒、高毒、高残留农药；不用有机磷、有机氯农药；推广高效、低毒、低残留农药。推广使用的新型杀虫剂：吡虫啉、阿维菌素等。

新型杀菌剂：咯菌腈、嘧霉胺、嘧菌脲、异菌酯、丙森锌、霜脲·锰锌等。

（2）对症适时用药。根据防治指标和病虫发生特点，选择有效药剂和最佳防治时期。病害一般做到早发现早治疗，虫害一般应在二龄前进行防治。

（3）科学合理使用农药。坚持按计量要求施药，多种药剂交替使用，科学合理复配混用，避免长期使用单一药剂、盲目加大施用剂量或将同类药剂混合使用。将两种或两种以上不同作用机制的农药合理复配混用，可起到扩大防治范围、兼治不同病虫害、降低毒性、增加药效、延缓抗药性产生的效果。

黄板诱杀防治（一）

黄板诱杀防治（二）

（八）多层覆盖栽培技术

多层覆盖栽培是指利用塑料大棚进行3层、4层或更多层薄膜覆盖以种植蔬菜，能够非常明显地起到早春早上市、冬季晚拉秧的效果，从而提高蔬菜的价格、增加农民收入。

1. 多层覆盖技术

（1）外膜。即塑料大棚最外面的1层膜，一般选用60~80微米厚的聚乙烯无滴膜。

（2）内膜。内膜最少覆盖2层，内膜可

多层覆盖栽培（一）

多层覆盖栽培（二）

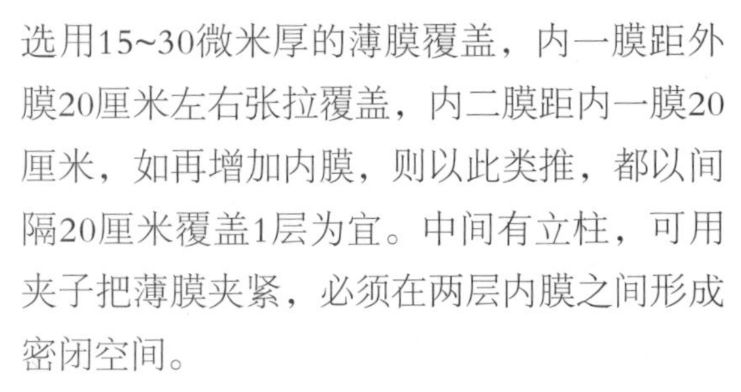

选用15~30微米厚的薄膜覆盖，内一膜距外膜20厘米左右张拉覆盖，内二膜距内一膜20厘米，如再增加内膜，则以此类推，都以间隔20厘米覆盖1层为宜。中间有立柱，可用夹子把薄膜夹紧，必须在两层内膜之间形成密闭空间。

（3）小拱棚和地膜。上面设置多层内膜后，下面还要搭设小拱棚，同时在地面上加盖地膜。

2. 多层覆盖效果

由于覆膜后大棚内形成若干个相对独立的密闭空间，阻止了冷空气的流动，所以具有良好的保温、增温效果。覆盖1层膜的塑料大棚，棚内外温度差异不大，只能起到防霜冻的作用；采用2层覆盖的大棚，棚温可以达到4℃左右，当外界气温达到－2℃时，棚内仍能达到1℃；采用3层覆盖的大棚，棚温可以达到8℃左右；采用4层覆盖的大棚，棚温可以达到13℃，当外界气温在零下5℃时，小拱棚内的温度仍保持在8℃。

双层塑料大棚及多层覆盖应注意以下几点。①必须选择无立柱或少立柱的大棚拉铁丝，纵向拉双层膜，与大棚膜间有30~40厘米的空间。②各薄膜接口要封严，用夹子固定好，提高保温效果，防止有水兜压破薄膜，及时清除积水。③上午棚温上升时拉开保温幕，增光提温，下午开始降温时关闭保温幕，蓄热保温。④第1年10月装好，次年4月初拆除，对薄膜老化寿命影响不大。保温幕及小拱棚可分别设置两层。⑤精心保护薄膜，延长使用期。

三、设施蔬菜周年茬口安排

设施蔬菜的茬口安排，必须适应市场，因地制宜、因棚制宜。在茬口安排上一般应掌握以下几个原则。

一是根据市场价格，把蔬菜的采收高峰期安排在蔬菜价格最高的时期。二是把蔬菜成熟期安排在最适宜蔬菜生长的季节。只有高产与高价结合，才能取得高效益，减少管理难度和生产损失。例如，只看到春节期间蔬菜价格高，不考虑自己大棚的保温性能，盲目进行越冬蔬菜生产。春节前后是一年中光照最弱、日照时间最短、温度最低的时期，低档次的大棚保温性能较差，难以满足蔬菜生长的需要，不利于蔬菜生长发育，产量极低，往往达不到预期的效果。其实，保温性能较差的大棚，若进行一年两茬生产，即冬春茬和秋冬茬，充分利用3～6月和9～11月的光热资源，也可获得高产高效。三是要提高大棚的利用率。冬暖式大棚存在“夏闲期”，拱棚存在“冬闲期”，可在冬暖式大棚夏季歇茬期栽培草菇，种植豇豆等，在拱棚冬闲期种植小油菜、菠菜等，可有效提高种植效益。四是要考虑与其他蔬菜轮作换茬，以减轻病虫害，防止土壤次生盐渍化。

（一）塑料大棚茬口安排

在塑料大棚蔬菜生产中，合理轮作、安排好茬口，是有效利用土地，提高土壤肥力，减少病虫害，生产高产、优质、高效的蔬菜重要措施。

1. 轮作的作用

（1）有利于发挥土壤中各种营养成分的作用。如把需氮较多的叶菜类、需磷较多的果菜类和需钾较多的茎菜类进行轮作，就能充分利用土壤中所含的不同养分。把深根性的豆类、瓜类、茄果类与浅根性的白菜、甘蓝、黄瓜、葱蒜类进行轮作，可充分利用不同土层中的养分。

（2）有利于病虫害的防治。多年栽培同一种蔬菜，会使同种病虫害循环传染日益加重。如黄瓜的枯萎病、霜霉病、白粉病和蚜虫，对其他瓜类作物同样有传染的可能性，对连作的黄瓜更不利。如果改种茄果类和其他种类蔬菜，可以使病原菌和病虫失去寄主，从而达到减轻或消灭的目的。每种蔬菜都有一定的轮作年限，如黄瓜、茄子一般间隔5～6年；番茄、辣椒、甘蓝、菜豆等间隔3年以上；菠菜、韭菜、葱等需间隔1年以上；蒜、小白菜、花菜、菜豆等连作，一般害处不大。

2. 春苦瓜—草莓茬口安排

（1）模式效益。苦瓜亩产量2500～3500千克，亩产值8000～12000元；草莓亩产量1800～2000千克，亩产值8200～10000元。该模式亩总产量4300～5500千克，总产值1.6万～2.2万元。

（2）茬口安排。苦瓜1月下旬播种育苗（或购买商品苗），2月下旬至3月上旬定植，5月上旬上市,7月下旬罢园；草莓3月中旬至4月上旬育苗,8月上旬至9月中旬定植，11月上旬至次年2月中旬上市。

苦瓜栽培

（3）春苦瓜栽培关键技术要点。

①品种选择。早熟高产栽培宜选用耐低温、早熟、优质、抗逆的品种如春晓5号、春早一号白苦瓜、碧玉青苦瓜、长白苦瓜等。

②播种育苗。1月下旬先将种子在太阳下晒1～2天，用55℃温水浸种15分钟，然后置于30℃温水中浸泡12～15小时，捞出沥干后放在30～35℃温度下催芽，待75%种子出苗时及时播种，每钵（穴）1粒。每亩用种量1.5～2 千克。苗期白天温度控制在20～25℃，夜晚控制在15～18℃。定植前7～10天开始炼苗，苗龄30～40天。

③整地施肥定植。前茬作物收获后，及时耕地、炕地。亩施进口复合肥125千克，菜饼100千克或优质土杂肥5000千克。深耕30厘米以上，使土肥均匀，然后密封大棚7天。按1.33米下裁开厢，做成深沟高畦，畦宽80～90厘米，高20～25厘米，用1.6米宽的地膜进行全膜覆盖（包沟），铺设滴管带，待栽。2月下旬至3月上旬，当幼苗长出四五片真叶时定植，每畦栽两行，行距60厘米，株距50厘米，亩栽1500～1650株，浇足定根水后，插上小拱棚并盖上薄膜，密闭1周。

④田间管理。

温度管理。定植后闭棚1周，提高棚温，促进缓苗。缓苗后至开花前，棚温维持在20～25℃，高于30℃时放风。如遇到严寒天气，棚内夜温低于10℃时，应采取多层覆盖措施保温。为增强苦瓜植株抵御低温的能力，应增施抗寒剂，使用方法为每100毫升抗寒剂兑水10～15千克，于缓苗期喷施一两次。

搭架与整枝。苦瓜抽蔓后及时搭人字架

苦瓜授粉（一）

苦瓜授粉（二）

或在蔓长30厘米时开始吊蔓，以后每隔四五节绑蔓一次，当主蔓出现第1朵雌花时实行单株整枝，其余侧蔓摘除。此后，随着植株陆续生长及时摘除多余侧蔓、卷须、雄花和下部的老叶、黄叶。

肥水管理。定植成活后结合灌水，每亩随浇水施尿素5千克，生物钾肥2千克。以后视苗情适量追施提苗肥或对弱小苗重点施肥。苦瓜进入结果期后，一般10～15天结合灌水追施1次复合肥，每亩每次用量10～15千克，共三四次。后期用磷酸二氢钾进行根外追肥，以防早衰。

人工授粉。头天下午摘取即将开放的雄花，放于25℃左右的干爽环境中，第2天早上去掉花冠，于8～10时将花粉轻轻涂抹于雌花柱头上，每朵雄花的花粉可用于3朵雌花的授粉。

⑤病虫害防治。主要病害有霜霉病、白粉病、枯萎病。主要虫害有瓜野螟、烟粉虱。霜霉病可用72%霜脲氰500倍液或72.2%霜霉威800倍液喷雾防治；白粉病用30%苯氧菌酯1500倍液防治；枯萎病用99%噁霉灵3000倍液灌根防治；瓜野螟用1%甲维盐2000倍液及5%氟啶脲1500倍液喷雾；烟粉虱可用2.5%联苯菊酯800倍液或4%阿维·啶虫脒2500倍液喷雾防治。

⑥及时采收。及时摘除畸形瓜，及早采收根瓜，当瓜条瘤状突起十分明显，果皮转为有光泽时便可采收，采收完后清理田园。

（3）草莓栽培关键技术。

① 品种选择。选用红颜、晶瑶、法兰地等优良品种。

②播种育苗。3月下旬开始育苗，苗床畦宽150厘米，沟宽35厘米、深25厘米。每畦中间种1行，株距80～100厘米，亩栽母株350～450株；也可种两行，株距40～50厘米，亩栽母株700～900株。种时须浅栽，并浇透定根水。成活后应及时做好施肥、灌水、排水、培土、除草、病虫害防治等工作。遇连续高温、干旱天气，应加强肥水管理和病虫害防治，并覆盖遮阳网降温。7月上中旬拔除弱苗、小苗和近母株的老化苗，挖掉母株苗（或摘除母株苗叶片）。7月中旬后停止施肥，控制水分，促进花芽分化。对长势旺的苗地，可进行断根处理。单行种植繁殖系数可达1：80以上，每亩可生产28000～36000株合格苗；双行种植繁殖系数可达1：50以上，每亩可生产35000～45000株种苗。

③整地施肥定植。结合整地亩施复合肥

50千克（有机质：N：P：K=20：10：4：6）、硫酸钾10千克、饼肥100千克。按90厘米开厢作高畦，8月上旬至9月中旬采用双行三角形种植法，株距15～20厘米，行距20～30厘米，亩栽12000株左右，定植成活后铺软管滴管并覆盖黑色地膜。

④田间管理。

温湿度管理。12月下旬大棚内上膜，即在棚内与外层膜相隔18～24厘米处再加盖一层薄膜，以防冻害。萌芽至现蕾期，白天温度控制在15～20℃，夜间8℃左右，夜间温度高于5℃时可拆除内膜，棚温高于30℃时应及时进行单边或双边揭膜降温，棚内湿度尽可能保持在70%～80%，特别是结果期，中午气温较高时应及时掀膜降湿。

肥水管理。分别在草莓顶果至拇指大小、开始采收和采收盛期结合灌水施3次追肥，亩施氮磷钾复合肥8千克左右，磷酸二

草莓栽培

草莓多层覆盖

氢钾4～5千克，采用塑料软管滴灌方法施入，各花序果采收时酌情追叶面肥。复合肥、叶面追肥施用浓度控制在0.3%～0.4%。有条件的情况下，在始花至坐果期，每亩施有机二氧化碳缓释颗粒肥50千克或其他方法增加二氧化碳浓度，以增强光合作用。

综合管理。植株旺盛生长期，注意整枝摘叶，留1个主蔓，其余侧蔓都摘除，老叶、枯叶全部打掉，每次只保留5片功能叶。在盖棚后至次年3月放蜂，每棚放1箱蜂，提高坐果率。放蜂期间注意棚要密封（薄膜、防虫网），喷药时保证蜂的安全。

⑤病虫害防治。1月前做好大棚通风透气的前提下，基本不需打药防病。2月后应及时做好灰霉病、白粉病和蚜虫等防治工作，灰霉病可用40%嘧霉胺800～1600倍液或50%腐霉利2000倍液喷雾防治；白粉病可用30%苯氧菌酯1500倍液或10%苯醚甲环唑1500倍液喷雾防治。喷施药剂应在下午4点以后进行，采果前7天禁止使用农药，以保证果实的食用安全。

⑥采收。应在八九成着色时及时采收，切忌过度成熟变软时采摘。

3. 竹叶菜—叶用薯—芹菜茬口安排

（1）模式效益。竹叶菜亩产量1800千克，产值3500元；叶用薯亩产量5000 千克，产值11000元；芹菜亩产量1700千克，产值5000元；该模式亩总产量8500千克，总产值1.95万元。

（2）茬口安排。竹叶菜2月初播种，3月下旬至4月上旬采收，4月中旬罢园；叶用薯4月中旬定植，5月中下旬上市，10月中旬罢园；芹菜于9月中下旬播种育苗，10月下旬定植，12月中旬至次年1月采收。

（3）竹叶菜栽培关键技术。

① 品种选择。选择耐寒、耐旱、高产的品种，如圆叶青梗竹叶菜或泰国竹叶菜，亩用种量为15千克。

②整地施肥。1月中旬整地，按2米开厢，亩施腐熟农家肥3000千克或发酵完全的鸡粪400千克，并在大棚上覆盖农膜。

③适时播种。播种前用50℃的热水浸种15分钟，再将种子置于25～30℃环境下催芽。待种子露白后撒播，用1厘米厚细土覆盖。

④田间管理。

温度管理。出苗前要保持棚内温度在30℃左右，生长期间保持在20～30℃。当棚内温度达35℃时，要打开大棚降温排气；寒潮期间，要密闭大棚保温。

肥水管理。竹叶菜生长速度快，对养分和水消耗量大，整个生长期要保持土壤湿润，追肥用腐熟稀薄粪水多次淋施或2%的尿素每隔5～7天喷灌一次。

⑤病虫害防治。大棚竹叶菜病虫害较少，如发现白锈病，可喷洒6.5%代森锌可湿性粉剂500倍液，或7.5%百菌清可湿性粉剂600 倍液。发现虫害可喷甲维盐、敌百虫等低毒农药。

⑥采收。当苗高达25厘米时，可根据市场行情、劳动力情况采用间拔或一次性采收。

（4）叶用薯栽培关键技术。

① 品种选择。鄂薯3号、福薯18。

② 整地作畦。亩施腐熟农家肥2000～4000千克、饼肥300千克或充分发酵的干鸡粪2000千克，再加三元复合肥50千克。厢长不超过30米，厢宽1.2米，沟宽30厘米，沟深20厘米。

竹叶菜栽培

叶用薯栽培

③合理密植。选择茎蔓粗壮、无病害的植株剪苗，每株苗保留4节，入土2节，将插入土壤内的叶柄剪掉，斜插。行距22～25厘米，株距18～20厘米，每亩定植1.2万～1.5万株。

④田间管理。

肥水管理。以腐熟粪肥和氮肥为主，适当增施钾肥。定植后7～10天,每亩施用稀薄人粪尿1000千克提苗；定植后30天结合中耕除草，每亩浇施1000千克稀薄人粪尿加10千克尿素、5千克硫酸钾以促蔓；每次采收后用5千克尿素、8千克硫酸钾兑1000千克水浇施。采收三四次后结合修剪，每亩条施高氮高钾的三元复合肥10～15千克。

采收与修剪。4月中下旬定植的叶用薯生长45天后可开始采收，四五叶时每隔8～10天左右采摘一次。首次修剪时间应在第三次采摘完后及时进行，修剪必须保留株高10～15厘米，每丛从不同方向选留四五个健壮的萌芽，剪除基部生长过密和弱小的萌芽，以后每采摘三四次修剪一次。

⑤病虫害防治。主要病虫害有甘薯麦蛾、斜纹夜蛾及烟粉虱。甘薯麦蛾、斜纹夜蛾可用多杀霉素、甲维盐等进行防治；烟粉虱可用2.5%联苯菊酯800倍液或4%阿维·啶虫脒2500倍液喷雾防治。

（5）芹菜栽培关键技术要点。

① 品种选择。玻璃脆、津南实芹、意大利冬芹、文图拉、百利、日本小香芹等。

②播种育苗。播前必须进行低温浸种催芽。首先将种子进行筛选除杂，晒种2天，用凉水浸种24～36小时后搓洗2次，以见清水为好。种子经浸泡后，基本吸足水分，把种子捞出沥干后用纱布包好，放在15～18℃的环境（如冰箱冷藏室、水井上方），每天取出用清水洗一遍，再放到阳光下晾晒，这样反复三四次后，待60%的种子露白即可播种。播前先灌水，待水渗下后，再播种，将种子和细沙按1：1的比例拌匀撒播，播后盖上一层0.3厘米厚的细土，浮面覆盖一层遮阳

芹菜栽培

网，亩用种量250克。

③整地施肥定植。每亩底施腐熟厩肥4000～5000千克、过磷酸钙30～35千克、尿素10～15千克。按1.5～2米宽开厢，沟宽0.5米、深0.20～0.25米。当苗龄45天左右，幼苗长出5～7片真叶时即可定植。本地芹行距15厘米、株距10厘米，西芹行距20厘米、株距20厘米，栽后立即浇水。

④田间管理。

苗期管理。出苗前苗床上要覆盖稻草或遮阳网以降温、保湿，并经常浇水，保持床土湿润。出苗后及时揭开遮阳网，并利用大中棚或搭建凉棚覆盖遮阳网，做到白天盖、早晚揭，晴天或暴雨天盖、阴天揭。如果土壤缺水，于下午5时后浇水或开启喷灌设施喷水，保持土壤湿润。

肥水管理。定植后要勤浇水直至幼苗成活，保持土壤湿润。缓苗后应控制浇水，进行浅、中耕以促发新根。定植后10～15 天，追施腐熟清粪水一次。每隔15～20 天，结合灌水每亩每次追施5～6千克尿素、5千克钾肥、普钙5～10千克。植株生长中后期可叶面喷施0.3%～0.5%磷酸二氢钾。采收前10～15天喷施硼肥，亩用量500克。

⑤病虫害防治。病害主要有斑枯病、叶斑病、病毒病、黑腐病等，虫害主要是蚜虫。防治斑枯病、叶斑病和黑腐病可用75%百菌清600倍液、64%噁霉灵500倍液，每7～8 天交替喷防两三次。防治病毒病应加强肥水管理，防旱防涝。发现病株后及时拔除，并用20%的吗胍・乙酸铜300倍液或15%的植病灵Ⅱ800倍液喷雾防治。尤其应注意及时防治蚜虫，以阻断蚜虫传播病毒的途径。冬季棚内湿度大时，可用虫螨净烟雾剂熏杀，每亩每次用量为400～500 克。

⑥采收。秋芹菜长至25厘米左右就可以采收。采收时，应连根拔起，洗净、去除老叶，做到净菜上市。

4. 苋菜—苦瓜—叶用薯茬口安排

（1）模式效益。早春苋菜每亩产量3000千克，亩产值5000元；苦瓜亩产量4000～5000千克，亩产值7000元；叶用薯亩产量4000～5000千克，亩产值10000元。该模式亩总产量1.05万～1.2万千克，总产值2.2万元。

（2）茬口安排。早春苋菜12月下旬至1月上中旬播种，4月下旬采收完毕；苦瓜2月上中旬播种育苗（或购买商品苗），3月中下旬在大棚两边定植，5月中旬至10月下旬收获；叶用薯5月上中旬在棚内扦插，6月中下旬至10月下旬收获。

（3）苋菜栽培关键技术。

① 精选良种。可选择大红袍、穿心红、彩色苋菜等品种。

②整地施肥。三耕三耙，按2米开厢作畦，结合整地每亩施腐熟猪粪4000～5000千克、复合肥100～150千克。播种前10～15天施农家肥，播种前2～3天施复合肥，施肥后用旋耕机进行旋耕，将肥料与土壤充分混合。

③播种。晒种2～3天，播种前一天，浇透底水，第2天用细耙疏松畦面，将种子掺入8～10倍细沙土，均匀撒播到畦面。播后压实畦面覆盖地膜保温，同时插上小拱棚并盖膜。亩播种量为3.5～4千克。

④田间管理。

温度管理。苋菜在出苗前以保温为主，四周大棚及小弓棚扎紧密闭。从播种到采收，棚内温度宜保持在20～25℃，采用两三层覆盖（大棚内面套小棚），当温度低于

苋菜多层覆盖

5℃时，宜在小棚上再加盖一层薄膜或草包等保温材料。

肥水管理。出苗前浇足底水，出苗后如土壤干燥应于晴天结合追肥进行浇水，遇低温则不浇。每次采收后1～2天，浇1次肥水，每亩施复合肥10～15千克，10%腐熟粪水350～500千克，中后期宜用叶面肥喷施。

通风管理。苗齐后及时揭地膜通风。通风宜先打开大棚两端，封闭内棚；后期通风宜揭小棚膜，关闭大棚两端。之后，两种方法交替使用。在避免使苋菜受冻的前提下应多见光。当温度稳定在20～25℃时，应揭去小拱棚，并打开大棚的两端。通风宜在晴天中午时行，每次2小时。

⑤病虫害防治。苋菜病害少，主要病害是猝倒病和白锈病。如果发现猝倒病株要及时拔除，并选用99%噁霉灵3000倍液或54.5%噁霉·福美双1500倍液喷雾防治。白锈病可用53%甲霜·锰锌水分散粒剂500倍液或72%霜脲氰可湿性粉剂500倍液喷雾防治，间隔10天喷1次，喷两三次。虫害主要是小地老虎，用毒饵诱杀，可选用90%晶体敌百虫0.5千克溶解于2.5～5升的水喷在50千克碾碎、炒香的棉籽饼、豆饼或麦麸上，于傍晚在受害田间每隔一定距离撒一小堆，每亩用毒饵5千克。

⑥采收。苋菜是一次播种,分批采收的叶菜。当幼苗长出五六片叶，株高达到10厘米左右时，即可进行采收。第1～3次采收多与间苗相结合，采大苗留小苗，并注意留苗均匀以提高产量。

（4）苦瓜栽培关键技术

①选用良种。选择市场适销、耐热性强、耐湿、耐肥、高产的优质品种，如绿秀、碧玉、春晓5号、台湾大肉等优良品种。

②播种育苗。1月下旬将种子在太阳下晒1～2天后，先用55℃温水浸种15分钟，再置于30℃温水中浸泡12～15小时，捞出沥干后放在30～35℃温度下催芽，待75%种子出苗时即可播种。每钵（穴）一粒，亩用种量200～300克。苗期白天温度控制在20～25℃，夜晚控制在15～18℃。定植前

7～10天开始炼苗，以苗龄30～40天为宜。

③整地定植。苦瓜忌连作，要与非瓜类作物轮作3年以上（否则应选用嫁接苗）。在棚两边以1米开厢，每亩深施1000千克腐熟猪牛粪，整成龟背形，并在畦中央每亩沟施复合肥50千克。选晴天定植，株距1.5米，每亩栽220株左右，移栽时应将大小苗分开定植，若嫁接苗采用的是靠接法，不宜深栽，以免失去嫁接意义。

④田间管理。

温度管理。缓苗期白天温度应控制在25~30℃为宜，晚上不低于18℃；开花结果期白天温度控制在25℃左右，夜间不低于15℃。

水肥管理。定植成活后,每亩追施1次10%腐熟人粪尿1000千克；盛果期每亩追施30%腐熟人粪尿1000千克或复合肥30千克，并喷施0.2%磷酸二氢钾叶面肥，共3次。

引蔓整枝。在棚内高1.8米处搭平棚铺爬藤网，将瓜蔓牵引至爬藤网上。留2～3根侧蔓，其余侧蔓都剪掉。及时摘除病叶、老叶。

人工授粉。头天下午摘取即将开放的雄花，放入25℃左右的干爽环境中，第二天早上去掉花冠，于上午8~10时将花粉轻轻涂抹于雌花柱头上，每朵雄花可用于3朵雌花的授粉。

⑤采收。及时采收根瓜（离苦瓜根最近的主蔓上结的瓜），及早摘除畸形瓜。当瓜条瘤状突起十分明显，果皮开始有光泽时便可采收，采收完后清理田园。

⑥病虫害防治。主要病害有猝倒病、霜霉病、白粉病、枯萎病；主要虫害有瓜野螟、烟粉虱。猝倒病、霜霉病用72%霜脲·锰锌500倍液或霜霉威800~1000倍液喷雾防治；白粉病可用30%苯氧菌酯1000 ~1500倍液喷雾防治；枯萎病用99%噁霉灵3000倍液喷雾防治；瓜野螟用1%甲维盐2000倍液或氟啶脲1500倍液喷雾防治，烟粉虱用2.5%联苯菊酯800倍液或4%阿维·啶虫脒2500倍液喷雾防治。

（5）叶用薯栽培关键技术

① 品种选择。鄂薯3号、福薯18号。

②整地作畦。亩施腐熟农家肥2000～4000千克、饼肥300千克或充分发酵的干鸡粪2000千克，再加三元复合肥50千克。厢长不超过30米，厢宽1.2米，沟宽30厘米，沟深20厘米。

③合理密植。选择茎蔓粗壮、无病害的

苦瓜栽培

叶用薯栽培

植株剪苗，每株苗保留4节，入土2节，将插入土壤内的叶柄剪掉，斜插。行距22～25厘米，株距18～20厘米，每亩定植1.2万～1.5万株。

④田间管理。

肥水管理。以腐熟粪肥和氮肥为主，适当增施钾肥。定植后7～10天,每亩施用稀薄人粪尿1000千克以提苗；定植30天后结合中耕除草，每亩用1000千克稀薄人粪尿加10千克尿素、5千克硫酸钾浇施促蔓；每次采收后用5千克尿素、8千克硫酸钾兑1000千克水浇施；采收三四次后结合修剪，每亩条施三元复合肥10～15千克。

采收与修剪。4月中下旬定植的叶用薯生长45天后可开始采收，四五片叶时每隔8～10天采摘1次。修剪应在第3次采摘完后及时进行，修剪后应保留株高10～15厘米，每丛从不同方向选留健壮的萌芽四五个，剪除基部生长过密和弱小的萌芽，以后每采摘三四次修剪1次。

⑤病虫害防治。主要病虫害有甘薯麦蛾、斜纹夜蛾及烟粉虱。甘薯麦蛾、斜纹夜蛾可用多杀霉素、甲维盐等进行防治；烟粉虱可用2.5%联苯菊酯800倍液或4%阿维·啶虫脒2500倍液喷雾防治。

（二）日光温室茬口安排

日光温室种植作物和茬口安排应注意以下几点：首先，所建日光温室创造的温光条件应能够满足某些作物在特定生产时节的生育要求；其次，生产者基本了解和掌握了有关生产技术；第三，有利于轮作倒茬和防病。

1. 根据设施条件安排茬口

不同类型的日光温室具有不同的温光性能，同一类型的日光温室在不同地区，温光性能也不一样。按照已建日光温室在当地所能创造的温光条件安排种植作物和茬口，是取得栽培高效益的关键。光温条件优越的日光温室宜安排冬春茬喜温蔬菜生产；而对于那些结构不尽合理，室内最低气温经常低于8℃，且常出现3℃以下的低温的日光温室，则宜进行秋冬茬韭菜等耐寒叶菜、早春茬喜温果菜生产。

2. 根据市场安排茬口

蔬菜生产是一项商品性极强的产业，其效益高低首先取决于市场需求。利用市场经济杠杆来调整种植结构，必须有市场信息和分析预测，不仅要看当地市场，还要看全国蔬菜大市场的趋向。市场的需求是经常而多样的，但日光温室生产宜向区域性、专业化发展，更容易建立稳定可靠的销售渠道。所以，应具体到一村一户的生产安排，还应与区域性产业化生产相协调。

3. 有利于轮作倒茬

日光温室占地的相对稳定使连作障碍不可避免。在安排种植作物和接茬时，必须有利于轮作倒茬，对于那些忌连作的蔬菜，更需在茬口安排上给予重视。不仅同一种蔬菜连作有害，而且同一类、同一科的蔬菜也不宜连作。葱蒜类蔬菜作前茬对于大多数果菜类来说都是有害的。

4. 根据“稳产、保丰收、提高效益”的原则上安排茬口

日光温室由于受外界自然条件的制约，容易受到自然灾害的影响。湖北冬季阴天多，光照弱，还有倒春寒，容易使日光温室蔬菜生产减产、受损。所因此，在湖北以春秋两季的果菜和越冬的叶菜生产最为保险，容易获得高产和稳收。

5. 根据自己现有的生产技术和条件安排茬口

日光温室蔬菜生产对生产者的素质、技能和资金都有一定的要求。要根据自己的技术水平和资金投入能力来选择茬口和品种。技术高、资金足的农户可种植一些高档品种和越冬栽培；技术水平较低、投入不足的农户可选择叶菜类进行生产，等积累了一定技术和资金后再进行高效益的生产。

四、茄果类蔬菜设施栽培技术

（一）辣椒

1. 早春大棚栽培技术

（1）播种育苗。

①播种时间。长江中下游地区一般在9月下旬至10月中旬播种。在辣椒栽培中，培育适龄壮苗至关重要，因此，辣椒播种期的确定必须考虑到苗龄适宜时能否及时定植，这取决于栽培设施、保温措施和气候条件。

②育苗设施。9～10月播种辣椒，在幼苗期不需要加温设施，只要具备保温、避雨条件即可，但假植后，苗床必须具备较好的保温设施，必要时还需要电热线等加温设施。

③播种。播种前将苗床整平，上面铺4～5厘米厚的营养土，浇足底水后撒播种子。播种后覆盖1～1.5厘米疏松的营养土，覆盖地膜或铺稀疏稻草后覆盖地膜，并搭小拱棚。

当有70％的种子出苗后，及时揭去地膜、稻草，并适当通风透光，降低苗床温度，促进秧苗的光合作用。如果出现种子戴帽现象，可适当撒干土。假植前3～4天进行秧苗锻炼，加强通风，白天温度控制在20～25℃，夜间控制温度在13～15℃。

④分苗。当秧苗有2叶1心时及时分苗，每个营养钵种1株。分苗应在晴天进行，边分苗边浇水。如果气温过高，小棚上可用草帘或遮阳网适当遮阳降温，以避免灼伤幼苗。分苗后随即用小拱棚覆盖，保温保湿4～5天，棚内温度保持28℃左右，以促进新根发生。

⑤分苗后的管理。分苗后，将地温提升至18～20℃，棚温要求达25℃，并提高空气相对湿度，以促进缓苗。缓苗后如果棚内温度超过25℃，要加强通风，每天应及时揭开大棚内的小棚薄膜，并适时揭开大棚膜，增强秧苗抗逆性。

如苗期遇寒冷天气，应在大棚内加盖小拱棚保温，小拱棚可用两层薄膜或单一层薄膜外加无纺布覆盖，以增强保温能力。一般气候条件下，不必加温。当冷空气南下，气温下降到-2℃以下，晚上必须进行加温。有条件可增设电热线增温。

尽量增加光照时间。即使遇连续的雨雪天气，如棚内温度超过25℃，也应每天揭开小棚薄膜，以增加光照时间，提高秧苗的光合作用能力，增强抗性。

秧苗前期要勤浇水，低温季节要适当控制浇水，做到钵内营养土不发白不浇水，浇水时就浇透。浇水应选晴天午后进行，秧苗缺肥可结合浇水施肥。

（2）整地定植。

①整地施基肥。整地要求深翻一两次，最好在冬前深翻1次，深度需达30厘米，最后一次翻地应在定植前7～10天进行。抢晴天晒土降低土壤湿度，提高地温。畦宽一般包沟1.1～1.2米，畦面要整成龟背形。大棚农膜应在定植前10～15天覆盖。

施基肥可与整地作畦结合进行，每亩施腐熟堆肥1500～2000千克、复合肥50千克。腐熟堆肥采用撒施，可在深翻前施入；复合肥一般采用沟施法，即在畦中间挖深沟，将基肥均匀施入，然后整平畦面。沟施基肥有利于秧苗根系及时吸收养分，以促进植株的迅速生长，提高早期产量。

②定植。

定植期。定植期主要是依据秧苗苗龄大小、天气状况、覆盖方式等来确定。早熟栽培提倡定植适龄大苗，以具有9、10片真叶，并开始发生分枝，带数个花蕾的幼苗为宜。

当土温稳定在13～15℃时，可以进行大棚定植。长江中下游地区，辣椒定植可在12月上中旬进行；外界气温较低时，秧苗已

施有机菌肥

整地做厢

铺设滴灌带

覆膜压土

覆地膜

打孔

定植前取苗

成苗

经成活，则在2月下旬定植。一般不宜在12月下旬至次年1月中旬之间定植。另外，在宜栽期内，最好保证有3天以上的晴天再移栽，不可在大风、大雨天移栽。

大棚套中棚套小棚栽培加地膜覆盖，可比大棚加地膜覆盖提前8～10天定植。据观察，移栽后的辣椒苗，当地表下5厘米深处的温度低于13℃时，发根十分缓慢；地温达到15℃时，3～4天即发生新根；地温达到17℃时，2～3天即发新根；地温达到19℃时，1～2天就发新根。

定植密度。一般采取宽行密植，即在包沟1.1～1.2米宽的畦面上栽2行，株距30厘米，每穴栽1株，每亩约4200株。定植时大小苗应分级、分区定植，以利于定植后的管理。

定植苗

定植

（3）田间管理。

①温湿度管理。定植后5～7天，为促进缓苗，应保持较高的空气湿度，不通风，将日温达25～30℃，夜温达15～20℃，地温在16℃以上，有利于新根的发生。

缓苗期后，植株进入正常生长阶段，生育适温为白天20～25℃，夜温不低于15℃，夜间地温不低于13℃；开花结果初期如遇低温寒潮天气要注意保温。为了达到上述温度要求，夜间常需要进行多层覆盖，包括不透明覆盖材料。

白天大棚内气温在25℃以上时即应进行揭膜通风，以防植株徒长，并能起到增加光照的作用。晴天一般是在上午9～10时开始揭膜通风，到下午3～4时停止通风；阴天同样必须通风，但通风时间可适当缩短，以保证光照时间。随着温度的提高，通风时间应适当延长，当夜间气温稳定在15℃以上时，可昼夜通风；4月下旬至5月上旬后，可将大棚裙膜拆除。

②肥水管理。辣椒在重施基肥的基础上还必须多次追肥。苗期施一次“提苗肥”，注意氮肥不宜过多，以防营养生长过旺、生殖生长受抑而造成落叶落花。进入结果期，营养生长与生殖生长同时进行，应加大追肥次数和数量，满足植株继续生长和果实膨大的需要。一般采收2次辣椒后即要追肥1次，每次每亩追施复合肥10千克，可采用穴施或条施。如果植株在结果期缺肥，则果实会失去光泽、产生大量皱褶、表皮发硬，品质下降。注意施肥后在在温度条件适宜时应加强通风。如果采用膜下滴灌装置施肥，则效果更好。

缓苗后应适当控制水分，以促进根系深扎土层，控制地上部分的生长，起到蹲苗的作用，使植株矮壮。初花坐果时只需适量浇水，以协调营养生长与生殖生长的关系，提高前期坐果率。植株大量挂果后，必须充分供水，保持土壤相对湿度在80％左右，此时植株如果缺水，果皮就会产生皱褶弯曲、色泽暗淡，影响产量和质量。一般在保护地设施内可安装滴管装置，利用滴灌装置补充水分。

③防止落花、落果、落叶。少量的落花、落果、落叶是花柄或叶柄的基部组织形成一离层，与着生组织自然分离脱落，是正常的生理现象，但大量的落花落果落叶则不不正常。

造成大量落花、落果、落叶的原因很多：如花器官的雌、雄蕊及胚珠发育不良或缺陷，开花期间干旱、多雨、低温（15℃以下）、高温（35℃以上）、日照不足或肥料使用不当等都可造成辣椒因无法正常授粉受精而落花、落果。此外，病虫害、有害气体或一些化学药剂也会造成大量落花、落果和落叶。

防止辣椒不正常的落花、落果、落叶主要通过农业综合措施：选择耐低温、耐弱光品种，合理密植，科学施肥，加强水分管理，及时防治病虫害以及使用生长调节剂等。除了要加强栽培管理外，对于因低温引起的落花最有效的措施是适时地应用植物生长调节剂。常用的植物生长调节剂在2，4-D、防落素（PCPA）等，使用的浓度因根据植株的长势、温度等加以调节。

④调整植株。大棚辣椒一般长势较旺，容易倒伏，可在每株辣椒旁插上一根小竹竿，以支撑植株，也可在畦沟两侧距地面40厘米处架铁丝或横杆防止辣椒倒伏。

为改善通风透光条件，需对辣椒进行植株调整，调节营养生长和生殖生长的矛盾。植株调整主要包括摘叶、摘心（打顶）和整枝等。摘叶主要是摘除底部的一些病残老叶，整枝是剪掉一些内部拥挤和下部重叠的枝条，打顶是在生长后期为保证营养物质集中供应果实而采取的有效手段。调整植株要选择晴天进行，既有利于伤口愈合，也可减少病虫害发生和危害。

（4）采收。春季大棚辣椒，一般前期宜尽早采收，生长瘦弱的植株更应注意及时采收。采收的基本标准是果皮浅绿并初具光泽，果实不再膨大。及时采收既能保证较高的市场价格，又能促进植株继续开花结果。

辣椒初次采收一般在定植后30天左右，在开始采收后，每3～5天可采收1次。由于辣椒枝条脆嫩，容易折断，故采收时应动作轻柔；雨天或湿度较高时不宜采收。春季大棚辣椒栽培多在6月下旬至7月中旬即可采收结束，可根据市场行情提前罢园抢种其他蔬菜。

2. 秋延迟栽培技术

根据辣椒的生长习性和长江中下游地区秋季的气候特点，可以利用大棚设施进行辣椒秋季栽培。秋延后大棚辣椒栽培面积较小，市场供给往往不能满足市场需求，价格较高而且可延迟到元旦、春节上市，其投资少、见效快、效益高。

大棚辣椒的秋季栽培有两种情况：一是夏播秋收；另一种是秋播晚秋和冬季采收，甚至可越冬栽培，采收至元旦、春节。

（1）品种选择。大棚秋延后栽培的辣椒品种不强调早熟，只要选择抗病、抗逆性强，前期耐高温，后期耐低温，生长势强的品种，如佳美2号、鄂红椒108、中椒106等。

（2）培育壮苗。

①适期播种。秋季栽培辣椒，播种过早，病毒病严重，产量低；播种太迟，开花结果晚，结果少，而且后期温度低，不利于果实膨大。适宜播种期一般为6月下旬至8月中旬，一般是北早南迟。其中6月下旬至7月中旬播种的，采收期多为9月中旬至12月上中旬；7月下旬至8月上中旬播种的，采收期则为10月初至12月，甚至元旦、春节。长江中下游地区一般以7月中下旬播种的较多。

②苗期管理。种子处理、营养土配制参考育苗技术。

幼苗期的管理。播种期间天气炎热、

田间管理

多暴雨，因此，苗床多筑成深沟高畦。播种时浇足底水，覆土后盖上一层湿稻草，搭起小拱棚（或大棚），使用遮阳网或用薄膜盖顶，四周通风，以降低土温并防止暴雨冲击。秧苗顶土时及时去除稻草。

一般播种4~5天后种子破嘴吐根，7~8天后齐苗。破嘴吐根后，每天早晚要检查发芽及出苗情况，60%的种子出苗后，揭掉地表覆盖物，发现戴帽苗，要撒些干细土以利脱壳。齐苗后视墒情，床土喷水，早晚用喷水壶快速、多次喷水，润湿畦面。小棚育苗晴天上午9~10时盖遮阳网或用薄膜盖顶遮阴，下午3~4时揭遮盖物照光。如果苗床设置在大棚内，则不需小拱棚，而直接在大棚上盖遮阳网或草帘遮阴。不论是小棚育苗或大棚育苗，苗床都不能遭淋暴雨。小拱棚雨前要盖农膜，雨停则及时揭掉农膜，大棚育苗可保留顶膜以防雨。

幼苗期如缺水，应用喷水壶多次、快速喷透水，浇水时间以清晨或傍晚为好，水质要干净无污染，并注意防治虫害，特别是蚜虫。

分苗和分苗后管理。出苗后12天、幼苗长出两三片真叶时及时分苗。在晴天傍晚或阴天移苗，边移苗边浇定根水，栽苗不宜过深，穴渠超过根结1厘米即可。最好一次性假植进营养钵，假植后要盖好遮阳网，以避免强光照射后造成秧苗萎蔫。四周围上隔离网纱，以防蚜虫传染病毒。

当苗叶伸展正常，立即揭遮光物照光，并始终保持床土湿润。浇水时应注意保证“天凉地凉水凉”，且避免大水泼浇，严禁暴雨落床和床内积水。小拱棚遮阳网要日盖夜揭，晴盖雨揭。定植前5~7天，小棚、大棚都要揭去遮阳网炼苗，以适应定植后的环境。

壮苗标准。苗龄30~36天，有6~10片真叶，苗高15~17厘米，开展度15厘米左右，刚现蕾分杈，叶色深绿、壮而不旺，根系发达，无病虫危害。

（3）定植。

①定植前准备。提前半个月耙耕土壤，施足基肥，一般每亩施腐熟基肥2000～5000千克、复合肥20～30千克。定植棚内的土壤可在定植前用噁霉灵喷洒，进行消毒处理。

②定植。生理苗龄35天、有6~10片真叶，苗高17厘米左右时及时定植。定植前2天喷杀虫、杀菌剂预防，做到带药定植。

每畦种两行，株距30厘米，定植后施点根肥。由于定植期温度较高，可用遮阳网覆盖（成活后揭去），以防幼苗萎蔫。有条件的地方，可用防虫网隔离栽培，以防蚜虫危害，减少病毒病的发生。定植后可在畦面覆盖稻草，最好在定植后即覆盖大棚顶膜。

（4）定植后管理。

①温度。幼苗定植后的一段时间，棚内气温偏高，要通风降温，将棚内温度控制在白天25～30℃，夜间15~18℃。9月下旬天气转凉，夜间要盖严棚膜，到10月中旬以后，通风一般只能在中午前后进行。到11月中旬

辣椒采收期

采收的辣椒

以后天气渐渐寒冷，要注意防冻。进入12月后，除了大棚覆盖外，还需要搭建小拱棚进行多层覆盖（加盖无纺布或草帘），以确保夜间小拱棚温度不低于15℃，利于开花、授粉、坐果和植株生长。

②肥水管理。定植后浇足底水，缓苗期不用浇水，没盖地膜的应及时进行中耕。缓

装箱销售

苗后如果出现缺水现象可进行小水淹浇，结合浇水追施人粪尿等作为提苗肥。辣椒初次坐果后，适当浇水，保持土壤湿润。以后随着通风量减少，土壤水分散失速度变慢，浇水间隔可适当延长，但仍需保持土壤湿润。初果期和盛果期可各追肥1次，每亩追复合肥10～15千克。

③病虫害防治。秋季栽培辣椒，病虫害较多。前期特别要注意病毒病（蚜虫）的防治，中后期应特别注意防治菌核病。

（5）采收。秋季栽培辣椒种植可以不用整枝，一般9月中旬至10月上旬开始采收，采收要及时。

秋季栽培辣椒到11月中旬以后温度降低，生长缓慢，一般可以让长成的辣椒留在植株上保鲜。每天揭盖小拱棚上的薄膜、草帘以见光增温，延迟到元旦、春节时采收。

（二）番茄

1. 小拱棚双覆盖栽培技术

塑料薄膜小拱棚，一般棚高0.8～1米，跨度1～3米。根据番茄栽培的需要，可以加地膜覆盖和草苫覆盖。小拱棚加地膜覆盖，称小拱棚双覆盖栽培。小拱棚建造容易、造价低、易管理，已成为保护地生产中应用最

为广泛的一种保护设施，与其他保护设施配套使用，有利于构成合理的保护地番茄生产体系，提高设施番茄栽培的整体效益。

中拱棚是大拱棚与小拱棚的中间类型。其结构和性能在一定程度上克服了小拱棚跨度小、高度矮、空间小、温度变化剧烈等缺点，也没有大拱棚跨度大、不便进行外覆盖的不足。中拱棚建造成本相对较低，又便于进行多层覆盖，故应用面积较大，发展趋势较好。目前生产上使用的中拱棚，以跨度4～6米，中间高度1.2～1.8米的居多。棚形有拱圆形的，也有两肩高出、棚顶呈微拱或斜面的；材质有竹木结构、水泥预制件与竹木混合结构、钢管或钢筋结构和菱镁拱架结构等。中拱棚的优势在于能够进行外覆盖（同小拱棚，夜间加盖草苫等不透明覆盖物），保温效果好。

（1）育苗。

①品种选择。小拱棚早春番茄栽培品种多选用早熟、耐寒、丰产、品质较好的品种。

②地块选择。生产基地的选择是进行设施蔬菜生产的最关键环节。因此，要选择远离工业“三废”污染的地区，基地的土壤、灌溉用水、空气等环境条件必须符合相关标准的规定。此外，栽培田应选择地势较高、排灌方便、土层深厚、避风、向阳，前茬未种过茄果类蔬菜的地块。最好是种过豆类、葱蒜类和水稻的田块。

③育苗管理。培育适龄壮苗是番茄早熟、丰产的重要基础。育苗期的长短主要决定于苗期的温度。番茄的适宜育苗温度是20℃。一般在12月下旬至次年1月上旬进行播种，以60～70天的育苗天数为宜。育苗时间根据栽培时间和各地气候条件而定，湖北地区中、小拱棚栽培的在1月上旬育苗为宜。

育苗方法。有温室育苗、中小拱棚双膜覆盖育苗、阳畦育苗等。春提早栽培一般采用二段育苗法，2叶1心时分苗，壮苗培育要点：在播种前3～4天进行催芽，把晾晒过的种子用温水（约55℃）浸种，并搅拌至不烫手为止。浸泡8～10小时，浸种后于25～30℃条件下催芽，3天左右至种子露白时播种。加温育苗，番茄是喜温蔬菜，花芽分化始于2叶1心期。苗期地温，特别是夜温长期低于12℃时将影响花芽分化而导致畸形果多。因此，加温育苗是培育壮苗的保证，加温方法有火道加温、地热线加温、电太阳灯加温等。苗期温度可采用分段管理，苗期白天温度25～30℃，苗齐后白天温度25℃左右，整个苗期夜温不能低于12℃。苗期应控水控肥。整个苗期不可大水浇灌，苗床缺水时可适当喷水。育苗营养土施足底肥，苗期禁施提苗肥。勤揭苫多见光。无论阴晴雨雪白天都应揭苫透光，晴天早揭晚盖、阴雨雪天晚揭早盖。如遇长期阴雨雪天气种子发芽时可安装日光灯补充光照。目的是确保定值前幼苗健壮，茎粗0.5厘米，7、8片叶，带大蕾。

齐苗至分苗前的管理。从齐苗到幼苗长有2片真叶期间，白天超过25℃应当通风。2片真叶时就应分苗，分苗前要炼苗，白天温度可降至20～22℃，夜间温度保持高于8℃。经过3～4天后，可选晴天分苗。

分苗至定植前的管理。分苗后应提高床温，少放风，促进发根缓苗。缓苗后到幼苗长出5、6片叶这一期间，按正常进行温度管理。保持土壤水分供应，防止缺水。定植前7天左右，开始炼苗，定植前5天左右浇水后割坨晒坨。

（2）整地搭棚。整地应在定植前10天

左右进行。整地后随即搭棚扣膜，以提高地温。

①整地前要施足底肥、浇足底水，亩施腐熟有机肥500～700千克，氮、磷、钾复合肥50～80千克。②结合整地做好土传病害的防治，可亩施入噁霉灵2千克；有根结线虫为害的还可亩用阿维菌素1～2千克或杀虫素500毫升做土壤处理。③搭棚方向以南北向较好。

（3）定植。

①定植时期。幼苗现大蕾，定植地10厘米土层的地温稳定在8℃时为适宜的定植期，最低气温在0℃以上（最好能达到7℃以上），并稳定5～7天后定植。定植时应选择无风、晴朗天气进行。

②定植方法和密度。选大苗壮苗定植，这是早熟的基础。移栽时多带土少伤根，可以提高成活率并缩短苗期。定植水忌大水漫灌，以避免地温降低，可穴浇定植水。南北行向。小拱棚地膜覆盖早熟栽培应当合理密植，以获得高产，提高经济效益。适当密植，行距40～50厘米，株距25～30厘米，每亩定植4000～5500株。

定植边扣棚。每栽完一畦扣一畦，并立即将四周压牢封严。有草苫覆盖的，应在定植扣棚后，当天晚上即覆盖草苫保温。预备补苗的也应同时栽在拱棚内，或摆放在棚内地膜畦面上，以便补苗用。

（4）田间管理。

定植后缓苗。为促进缓苗，应密闭小棚，提高棚温和地温，使白天达35℃，夜里地温能达到16℃以上。缓苗后，应通风以降低棚温，白天保持28～30℃，不宜超过30℃，午后要早闭棚保温。当白天气温达到20℃以上时，可以揭开棚膜使秧苗充分见光，夜温不低于10～12℃时，夜间可以不再盖膜。晚霜结束后，当日平均温度稳定到18℃以上则可以撤除棚膜，转入露地生长。随后及时插架、整枝，进入正常管理。

水肥管理。番茄植株大，结果多，根吸收能力强，需水较多，缓苗后，7～10天后结合浇水追施1次催苗肥，每亩追施稀粪500千克或尿素5～10千克，然后进行蹲苗。当第1穗果开始膨大时，结合浇水每亩追施复合肥15～20千克，浇水量不宜过大。第1穗果将收、第2穗果膨大时，每亩追施复合肥10千克，因需水量增加，每隔7天左右浇1次水，但追肥灌水要均匀，否则，易出现空洞果或脐腐病。在盛果期，还可进行叶面喷施0.2%～0.3%磷酸二氢钾或0.2%～0.3%的尿素，防止植株早衰。

植株调整。蹲苗浇水后，应及时插架，单杆整枝，每株留2～3穗果并及时打顶，以促进果实生长发育，及时上市。一般早熟番茄留果3段，1米高架杆每棵插一根，相邻4棵的架头绑在一起即可。插后及时绑蔓，应在每穗果下面绑1次。番茄分枝力强，几乎叶叶有杈，应及时整枝打小杈。当第3穗花开时，应在上面留1～2片叶，早摘心减少养分消耗，促进果膨大早熟。第1、2穗果采收后，应把下部老化黄叶打掉。为了防止落花，除加强管理外，可在每天上午8～9时，对将开的花和刚开的花，用0.01%～0.02%的2，4-D蘸花，或用6.025%～0.03%的4-对氯苯氧乙酸（番茄灵）喷花，或采用合适浓度的新型“保果宁”喷花，减少畸形果发生。应注意：要严格掌握浓度，未开的花不喷不蘸；不能把药物喷洒在植株上，否则会造成药害；开一批，蘸一批；喷药前后增加浇水、追肥量。为了早上市增加收入，可在果由绿变白时，用乙烯利液涂果，促果早红。

（5）防治病虫害。如番茄苗期湿度大，地温低，易发生猝倒病，除加强光照，提高地温和放风外，拔除病株后，可用75%百菌清1000倍液喷治2次，1周1次。对叶霉病和早疫病可用百菌清600～800倍液防治。对棉铃虫和蚜虫可用2.5%溴氰菊酯8000倍液防治。

2. 大棚早春栽培技术

（1）适宜大棚栽培的品种。由于大棚栽培是以早熟、早上市获得较高的经济效益为目的，因此用于塑料大棚栽培的品种必须具备以下条件：①必须是早熟或早中熟的中果型品种，中熟品种可以考虑，不宜选用中晚熟和晚熟品种。②必须是生长势不太强的品种。由于早熟栽培一般是密植栽培，如植株长势太强，就会造成茎蔓徒长、通风透光不良、坐果困难、营养生长与生殖生长均不良的恶性循环。必须选用耐低温、耐弱光性能强的品种。此类品种在棚室低温、弱光条件下，雌花出现早，着生密，易坐果，产量稳定。③必须是耐湿性和抗病性较强的品种。冬季和早春的棚室内环境较密闭，空气湿度大，病菌易繁殖滋生。④必须是品质优良并对采收成熟度要求不严的品种，果实七八成熟就有较高的食用品质，更能发挥早上市的优势。

大棚番茄春提早栽培应选择耐低温、早熟、抗病、高产的品种，如中杂8号、中杂9号、中杂11、浙粉202、浙杂203、合作903、906、中蔬4号、中蔬5号、早丰、佳粉10、佳粉15、浙粉杂2号等。

（2）整地施肥。番茄春提早栽培适宜苗龄一般为55～65天。在育苗设施好、光照管理适宜的条件下，苗龄可短些。定植时一般要求苗壮、苗齐、无病，幼苗7～9片叶，第1花序现大蕾。如果苗龄过短、幼苗太小，则开花结果晚，达不到早熟目的。苗龄过大，幼苗会在苗床里开花或变成小老苗，长势衰弱，定植后易引起落花落果。

①整地作畦。首先，要在前一年秋季作物拉秧后进行秋翻，耕层20厘米左右，并去掉塑料薄膜，经过冬季的风化晒垡，疏松土壤，消灭病虫杂草。其次，在春季定植前提前扣棚以提高地温，大棚四周应压严实，以充分利用太阳光能使棚内冻土尽快解冻。当土壤化冻以后，再进行春耕耙地，平整地块并作成南北方向畦。一般畦宽100～120厘米，可做成高10厘米的小高畦，也可以先作成平畦，以后再培成小高畦。若使用塑料软管进行滴灌，必须作成小高畦，这样畦面铺塑料软管后再覆盖地膜，既节水又可保水。采用滴灌时以南北向畦为好。

②重施基肥。塑料大棚春番茄比露地春番茄的生长期长、产量高，因此，必须施足基肥。施肥量要比露地栽培多20%～30%，一般每亩大棚要施优质腐熟的有机肥6000～8000千克、过磷酸钙25～50千克、钾肥10千克。过磷酸钙也可掺入厩肥中堆沤，于翻耕整地时施入。增施磷钾肥对于提高番茄产量和品质都有显著效果。

（3）定植。春番茄秧苗对早定植时间特别敏感，早1～2天定植成熟期都能看出差别。因此，应提前2～4周扣棚膜，提前1周熏棚，提前2～3天覆地膜，清晨10厘米地温稳定在5℃以上，不再出现0℃以下，有适龄壮苗时抢早定植。采用保温措施能够使大棚春番茄提早定植。

①单层覆盖保温。如无前茬蔬菜的大棚，应提前1个月扣上棚膜，并内围裙膜，

外围草帘，作畦后覆盖地膜，并关严大棚以加速解冻。如有前茬蔬菜的大棚，在前作收获后立即整地、作畦、扣地膜，关严大棚保温。一般当大棚内夜间的最低气温稳定在10℃以上，10厘米地温稳定在8℃以上即可定值，长江中下游地区一般在2月下旬至3月下旬开始定植。

②多层覆盖保温。指大棚有三四层或以上薄膜保温防寒。但层数过多、用膜量过大，成本提高，常以三四层为宜，即外层为棚膜，二层为天幕（称二道幕），三层为小拱棚。一般天幕在棚内，离棚顶1米高，拉铁丝覆盖薄膜或无纺布。小拱棚距离地面40～50厘米高，插竹竿盖薄膜；也可采用地膜天盖，待天气转暖后再作地膜使用。另外，地膜、草帘、裙膜均不可缺少。通常棚内温会提高2～2.5℃。因此，多层覆盖塑料大棚可比单层大棚提前定植10～15天。

③炉火加温。为了提前定植，可在塑料大棚的东西两侧设置临时炉火，每侧设2～4个，下挖砌炉灶，用钢瓦管爬坡从大棚顶上作排烟管。炉火加温并应用二道幕、草帘、裙膜来保温。一般在定植前1个星期生火增温，灵活掌握每天添煤次数和加温天数。炉火加温棚比单层大棚提早20～30天定植。

④定植方法与密度。栽苗深度以覆土高过原土团为宜，有利于植株长出不定根而扩大吸收面。栽苗深浅一致，使棚内植株生长整齐。

大棚春番茄采用不同类型的品种，其定植密度也不同。选用早熟品种种植，一般行距50厘米，株距25厘米，每亩种植4500～5000株；中熟品种以行距50厘米，株距33厘米，每亩种植4000株左右为宜；晚熟品种一般行距50厘米，株距40厘米，每亩种植3000株左右。为早熟高产，宜采用高畦密植，即主、副行栽植。小高畦畦底宽1米，畦顶宽0.7米，高0.15～0.2米，畦上覆膜，每畦2行，一主一副，行间距1米，主行株距0.33～0.36米，副行株距0.23～0.27米。栽时花蕾朝向垄外，使结果在架外侧，利于果实着色，并防灰霉病。

（4）定植后管理。

①温湿度管理。大棚番茄生产是通过放风来控制温湿度。番茄喜温怕霜冻，大棚春番茄生产前期要注意保温，同时又要适时放风。否则大棚内温度过高，湿度过大，易引起植株徒长、落花落果、植株生病而造成减产。一般的大棚春番茄的温湿度管理采取如下方法。

定植后5～7天。密封大棚，并在大棚四周围一圈草席以提高温度，促进缓苗。白天控制棚温为25～28℃，超过30℃时，拉开顶缝放小风。当空气湿度过大时，短期棚温可达35～38℃，应及时放风。控制夜间棚温15～18℃，地温14～18℃。

缓苗至开花坐果阶段。上午棚温为25～27℃，超过30℃开始放顶风。下午22～24℃，低于22℃时及时关闭放风口。夜间棚温保温12～15℃，若低于10℃则易出现畸形花。地温为12～20℃为宜。

第1穗果核桃大小至第2穗果坐果。此时棚温控制在上午27～28℃，下午25℃左右，夜间12～16℃，适当提温以促进果实膨大。当浇水较多、湿度大时，要加强放风，除顶风外还可放边风。

第1穗果实发白。上午棚温28～32℃，下午24～26℃，夜间15～18℃，地温16～22℃。此时要逐渐加大放风量，当外界最低气温稳定在12℃和15℃以上时，应分别不关顶风和边风。

第1穗果采收至植株拉秧。此时要防止高温使第2穗及以后的果实着色不良或发生日灼病，上午温度控制在25～28℃，下午24～26℃，夜间15～20℃，地温20～25℃。在第1穗果采收之后要加大放风，直至自然通风。

在大棚通风时，通风口一定要从小渐大，通风时间也应由短渐长，不可突然放大风而使植株受到伤害。而且最先通风时应先放顶风，只有当放顶风无法将棚温降到合适水平时，才可揭底膜放边风。大棚内温度和湿度的管理是相互联系的，放风不仅可以降低棚温，还可以降低湿度。番茄不需要过高的空气湿度，否则容易感染多种病害，为防止病害的发生和侵染，在每次灌水之后造成空气湿度增加时，必须加大通风，以降低灌水后棚内增高的空气湿度。

②加强肥水管理。大棚春番茄定植时要浇适量的定植水，以浇透土坨为准，不要过量，有利于提高地温。定植7～10天可浇缓苗水，这段时间为控制植株的营养生长，一般不进行追肥。在浇缓苗水后进行中耕蹲苗，蹲苗期间要中耕两三次，以提高地温和保墒，适当控制茎叶生长，调节营养生长与生殖生长之间的关系。其中，早熟品种因开花较早，营养生长较弱，应以促秧为主，主张少蹲或不蹲苗，直接进入正常的肥水管理；而中晚熟品种营养生长较旺，营养生长对生殖生长的抑制较大，蹲苗时间可长些。如果土壤墒情不好，应在第1花序果实坐住之后再浇1次小水，千万不要在植株正在开花时浇灌大水，以免落花落果。

当第1穗果实长到直径1.5～2.5厘米时，此时必须结束蹲苗，开始浇水施肥，以供应果实迅速膨大所需的养分，每亩大棚可施腐熟粪稀500～1000千克，或施粪素10千克和硫酸钾10～15千克，还可用0.2%～0.3%磷酸二氢钾进行叶面喷施。当番茄进入盛果期，第1穗果实由绿熟变为白色时，需进行第2次浇水与追肥，以后应每隔七八天水浇1次，每次浇水量不宜过多。施追肥5次以上，每次追肥随浇水每亩追尿素10千克或硫酸铵25千克。前期还可用腐熟粪稀随水浇灌，后期气温升高后则不宜使用。追肥时要注意适量增施磷钾肥。盛果期水肥既要充足，而且要均匀，不能忽大忽小，否则容易产生空洞果和脐腐病果。在塑料大棚中，采用滴灌既可满足植株生长的需要，又不致降低地温，造成土壤板结，并且可以降低大棚内空气湿度，减轻病害。所以，滴灌在大棚中逐渐取代了沟灌。另外，大棚内二氧化碳施肥越来越受到重视。

③植株调整。大棚春番茄一般采用单杆整枝，也可采用改良式单杆整枝。无限生长类型品种可留三四层果摘心，有限生长类型品种可留两三层果摘心，及时摘掉多余的侧枝。结合整枝绑蔓摘除下部老叶、病叶，并进行疏花疏果，每穗保留四五个好果。番茄植株可用塑料绳吊蔓或用细竹竿插架支撑，如插架一般采用篱形架。

④植物生长调节剂的应用。大棚春番茄定植期较早，此时大棚内外的气温较低，而到生长后期，由于外界高温的影响，棚内温度也不断升高。棚温过高和过低，都不利于花器的正常发育，影响花粉的生活力和花粉管的伸长，使花朵不能正常授粉受精，造成大棚春番茄严重落花落果。棚内空气相对湿度偏高、栽种密度过大、植株徒长、光照条件较差也会引起落花落果。为了保花保果，

大棚春番茄需要从植株进入开花期开始，连续使用2, 4-D和防落素处理花朵。

（5）采收与催熟。大棚春番茄成熟的快慢与温度、品种有关，中熟种从定植到第一穗果实成熟始收需要50～60天，早熟品种为40～50天。由于大棚春番茄是以早熟栽培为目的，可提早上市，解决春淡季蔬菜的供应不足。为了加速番茄果实的转色和成熟，需要人工催熟，常用0.2%的乙烯利进行采收后浸果处理，或用0.1%的乙烯利进行植株上涂果处理，后种方法处理的果实颜色和品质较好。

3. 拱棚越夏栽培技术

（1）品种选择。拱棚越夏生产番茄要选择长势旺、坐果力强、抗病耐高温的无限生长型杂交一代番茄新品种。红果、硬度好、口味佳、耐贮运，目前市场较好的主要有倍盈、印第安等品种，保护地生产一般亩产可达7500千克左右。

（2）育苗。越夏番茄适宜播种期在3月20日至4月20日。在高标准日光温室用工厂化育苗技术育苗，以穴盘和营养基质等材料。壮苗标准为苗龄28～32天，3叶1心，苗高16～22厘米，茎秆粗壮，子叶肥厚，根多根白。

（3）扣棚、整地与施基肥。扣棚时间应在上一年秋末结冻前或在当年早春3～4月。棚膜选用抗老化的长寿膜，其厚度为0.1～0.12毫米。拱架选竹木或钢管或复合材料的结构。扣棚要达到材料坚固、棚膜绷紧、地锚压实。棚向以南北向为最佳。作畦打垄也以南北向最佳。

栽植前1周覆棚膜并浇足底水施足底肥，亩施腐熟有机肥5000千克以上。基肥包括磷酸二铵50千克、过磷酸钙50千克、尿素20千克、硫酸钾50千克、硫酸锌2千克、硼肥1千克等，将2/3的基肥与有机肥充分拌匀，均匀平铺后深翻40厘米，实行全层施肥，剩余1/3沟施于定植行并隔离。若用番

番茄穴盘基质育苗

茄专用肥，每亩用底肥135千克、硫酸钾10千克、尿素10千克。若增施有机肥的可适当减少化肥的用量。每亩用1千克的多菌灵混拌于有机肥中可防治土传病害。移栽前一周每亩地用100克辛硫磷拌25千克细砂穴施，防治地下害虫。

（4）定植。适宜在苗龄30天左右定植。可先起垄覆膜再坐水栽植，也可栽植后灌水缓苗再覆膜。栽植同期固定好吊绳。采用大小行栽植，大行距90厘米、小行距60厘米、株距45厘米。亩栽植1800～2000株。定植后浇足缓苗水。

（5）棚内管理。缓苗期要适当提高棚温，白天超过30℃时放风。缓苗后棚温超过28℃时放风，气温超过33℃时要用遮阳网或棚膜泼泥浆降温。缓苗后秧苗长势旺盛、墒情好时可不浇水；长势不好、土壤干旱时可浇1次跑马水。第1穗果膨大前即第2花序开花前，适当控制浇水，防止徒长。晴天提早放风排湿，阴雨天放下棚膜防雨。遇连阴天也要注意放风排湿。每穗果坐住后，结合灌溉冲施第1次催果肥，1次化肥1次农家肥，化肥可用硝酸钾每亩冲施15千克，农家肥用鸡粪沤制液或沼液等。如用番茄专用肥作追肥可在第1、2穗果坐住后分别冲施1次，每次20千克，以后每次冲施硝酸钾15千克。为了提高品质，延长结果期，防止早衰，结果后期可进行叶面追肥，喷施浓度0.3%的磷酸二氢钾。

（6）整枝、打杈及蘸花。采取单杆6穗果整枝和吊绳落蔓的方法，棚两侧较低处可采取双杆4穗果整枝。及时摘除无用侧枝、多余的花、病残底叶和畸形果。根据植株长势情况，一般留果6穗，每穗留4～6个长势均匀的果，留足计划果穗后，打顶摘心顶部留2片叶。打杈和摘果时用剪刀修剪，注意消毒，以减少剪刀带菌传播病害。选用丰产剂2号、CPM、番茄灵等蘸花剂喷花促进坐果和果实膨大，选择在每穗花序三开两裂时喷花。每支药剂兑水1千克再加1克5%异菌·福美双，可喷可蘸，做到隔天一喷，选在晴天的下午喷施较好。

4. 秋延迟栽培

番茄秋延迟栽培就是利用棚膜等保护地设施，在番茄生长的中后期人为创造一个适宜的生长环境，延长采摘期，提高产量。这样，既解决了蔬菜市场上番茄供应不足的矛盾，又能获取较高的收益，经济效益要比露地秋番茄高出50%以上，是值得广大菜农借鉴的一种种植模式。

（1）品种选择与适宜播种期。大棚秋番茄的品种选用首先要考虑选择抗病品种，秋延栽培的番茄所处的气候环境条件与早春栽培条件恰恰相反，大棚秋番茄是夏播秋收，特别是幼苗阶段正处于高温的7～8月，病害特别是病毒病为害严重，为此必须选择抗病毒病的品种；其次，要选择丰产、干物质含量高、贮藏性好的大果、厚皮型品种，这类品种在贮藏期间果实机械损伤少，呼吸消耗慢，耐贮藏。因此，选用合作903、金棚1号、L402以及佳粉系列的高产抗病品种。

大棚秋番茄栽培对播种期要求比较严格。播种过早，苗期持续高温、多雨的时间长，幼苗长势弱，容易徒长，病毒病发生严重；播种过晚，后期温度低，植株上层果实生育期不够，影响产量和品质。大棚秋番茄从播种到收获需100～110天，应根据当地气候条件，确定出现早霜的日期推算定适宜的播期。一般在当地气温达到-5℃左右的时期

番茄大棚栽培

番茄温室栽培

向前推移110天左右为宜。采用直播或小苗移植时，留3穗果的播种期应早些，留2穗果的播种期可晚些。

（2）种子处理与播种方法。为预防病毒病，可用0.1%高锰酸钾溶液浸泡种子30分钟，或用10%磷酸三钠溶液浸泡40～50分钟。为预防其他病害，促使幼苗健壮生长，防止徒长，还可以采用2.5千克加5克矮壮素、7克钼酸铵和7克甲霜灵混合液浸泡4～5小时。用上述方法处理后要用清水反复冲洗种子，晾干后才可播种。

大棚秋番茄栽培有3种育苗方式，即直播、小苗移栽和大苗移栽。

①直播。大棚秋番茄若采用直播，宜先整地施基肥，翻地20厘米深，每亩大棚施腐熟有机肥3000～4000千克，肥土翻耕均匀，开沟时在沟内再施入有机肥1000千克和复合肥25千克。作成南北向的小高畦，畦宽1～1.2米，按行株距点播，每穴播两三粒，覆土后用脚轻轻踩实，浇足底水。播种时要将大棚薄膜扣上，以防强光暴晒和暴雨，但四周薄膜应卷起，有利通风、降温。播后连续3天下午浇小水即可齐苗。出苗后，前期不要中耕、除草、培土，避免伤根，在2叶1心时进行除草、中耕，并进行第一次间苗，在4叶1心时进行第二次间苗。采用直播，根系发育不受阻碍，植株节间短，生育健壮，病毒病发病率低，单产水平高。但前期管理费工，若播种操作不细致，容易发生缺苗，且薄膜易老化。

②小苗移栽。大棚秋番茄采用小苗移栽，是在种子播种后15～18天，幼苗长出2叶1心时定植进大棚。苗畦应建立在地势高燥、排水方便的地块，建成高10～12厘米的高畦。播种时撒播或条播，盖土镇压，沟中灌水。播种完毕后在畦上搭一个比畦宽的小拱棚，盖上旧薄膜。用营养土方或塑料营养钵等方法进行播种育苗。采用小苗移栽，伤根少，易缓苗，还可减轻病毒病为害，并且苗期管理方便；但定植时苗子小、茎秆轻，若定植后浇水不及时或浇水量不均匀容易造成死苗。

③大苗移栽。在种子播种后1个月左右、幼苗6～7叶时进行移栽，苗期管理方便，但定植时伤根严重，病毒病发生严重。

（3）整地。

①及时扣棚膜。大棚秋番茄的生长前期高温多雨，为避免雨水拍打使土面板结和对植株溅击传播病害，要先扣棚再定植。若利用春季栽培的旧棚，应修补好薄膜，防止漏

风漏雨。在塑料大棚准备好后，把大棚周围的薄膜支起通风，以防棚温过高，方便田间操作，如遇雷阵雨应将边膜放下，等雨过后再将薄膜支起。

②整地作畦。大棚秋番茄的栽培地块，每亩撒施5000千克农家肥，50千克氮、磷、钾三元复合肥，要求按前面直播大棚的方式深翻施肥，整地作成南北向畦，畦宽1～1.2米，按60厘米左右的行距做成15厘米的高垄。在秋番茄定植前，应及时清理田园，清除前茬残株落叶，可用烟雾剂或杀菌剂进行大棚消毒。

（4）定植时间与定植密度。通常在8月进行定植，应选择阴天或晴天的傍晚前后进行，以减少高温、强光危害，加速缓苗。如果是直播番茄，定植可在8月下旬进行，定时要注意选择健康、无病害的壮苗，淘汰弱苗和病毒病感染的苗。

大棚秋栽培番茄时，外界气温比较高，植株生长快，但生长季节短，应选择合适的栽植密度。留2穗果的行株距为50×30厘米或60×24厘米，每亩种植4500株左右。留3穗果的行株距为50×33厘米或60×28厘米，每亩种植3800～4000株。栽完后浇水灌畦，以降温缓苗。

（5）田间管理。

①水分管理。根据苗情和土壤墒情进行浇水。因为大棚秋番茄生长前期气温地温比较高，浇水的次数和水量均比大棚春番茄要多。采用育苗移栽的大棚秋番茄，从定植到拉秧需浇水五六次，直播栽培时还要多些。前期浇水的目的是降温保苗，中后期浇水是为了调节植株的营养生长和生殖生长的关系。因此，中后期的水分管理比较严格。在第1花序始花期浇催花水，能促使花开得鲜艳，结果整齐。当第1穗果长至核桃大时浇催果水，促使果实迅速膨大。在10月中旬以后，天气转凉，大棚的通风量减少，此时应尽量不浇水，避免棚内湿度增加，造成病害发生发展。

②合理施肥。大棚番茄生长前期地温高，土壤微生物对有机质的分解速度快，足够的有机质基肥才能保证植株对营养的需求。但由于有机肥容易分解，需要增加追肥，否则番茄果实发育不充实，植株易早衰。所以在9月中旬浇催果水时施入三元复合肥25～30千克或其他速效肥，以补充番茄果实膨大时对养分的需求。此后还要追施速效肥一两次，确保后期果实的生长，并可适时进行二氧化碳施肥和根外追肥。

③中耕松土。中耕能够改善土壤的物理状况，有助于根系生长，增加根冠比。当大棚秋番茄直播栽培时，在苗期需要多次中耕除草。若采用育苗移栽，缓苗后便开始中耕，对于地势低洼、排水不畅的地块要连续进行深中耕。在不伤根的情况下，适当增加中耕次数，有利于番茄健壮生长。

④通风管理。在大棚秋番茄的生长前期，应将大棚四周薄膜支起昼夜通风以控制棚温，防止高温生理障碍的产生，在结果期白天以25～28℃、晚上以16～20℃为宜。在9月中旬以后，当外界最低气温降至12℃时，应把四周薄膜在傍晚放下，早晨再支起，白天仍需通风，使果实表皮加厚，提高果实的耐贮性。当外界最低气温降至5℃时，棚内昼夜不再进行通风，基本上是封闭大棚保温，只在中午前后通过调整大棚四周边缝和顶缝的开口大小进行放风，控温降湿。

（6）保花保果与植株调整。8月下旬开花坐果期，气温偏高，而且昼夜温差小，容易落花。一般用10～20毫克/千克的2，4-D或番茄丰产剂2号（一瓶加250～500毫升水稀释）蘸花或30～40毫克/千克的番茄灵喷花以提高坐果率。使用浓度随着季节气温的降低而加大。为防止产生空洞果，可用10毫克/千克的赤霉酸蘸花。

在花期前及时插架绑蔓，一般采用单杆整枝。秋季生长期短，留2～3穗果实，并注意最上面的果穗上方要留2～3片叶，而后摘心，以保证上面果实膨大。大棚秋番茄要进行疏果，在秋分前后天气转冷后，应将各花穗中未坐果的花朵摘除。因为气温下降，以后再结的果实不能正常膨大，应摘除，而且各穗已坐住的幼果也需进行疏果。每个花穗保留四五个果实即可，其余的小果，特别是畸形果应当摘除。后期摘除底部老叶及病叶。

（7）植物生长调节剂的应用。大棚秋番茄植株营养生长阶段，气温高，湿度大，呼吸消耗多，植株容易徒长。为了调整植株的营养生长和生殖生长的关系，控制植株徒长，可以每隔7天喷施0.05%的矮壮素，从苗期3叶1心开始到第1穗花序开放为止。为了提高坐果率和促进果实膨大，有必要采用浓度为每千克10～20毫克的2，4-D或浓度为20毫克/千克的防落素处理花朵，在华北地区处理花朵只需到9月底为止，因为9月后结的幼果不能正常膨大，反而会消耗养分。

（8）加强对病毒病的综合防治。对于秋番茄来说，病毒病是一种最主要的病害，一般发生在番茄生长的中后期，不仅会影响产量，还会严重降低果实的品质。因此，要高度重视，采取针对性的措施。①要选用抗病品种，做好种子消毒，播种之前用10%磷酸三钠溶液浸泡30分钟，捞出后用清水洗净药液后浸种催芽。②加强管理，合理轮作，增施腐熟有机肥，晚打杈早采收，操作时注意用0.1%高锰酸钾液消毒操作工具。③用600倍植病灵液在发病初期喷雾或0.1%的高锰酸钾液喷雾进行药剂防治。另外，苗期常见的叶霉病、灰霉病等病害可用50%多菌灵500倍液或75%百菌清等农药交替使用。苗期的蚜虫可用吡虫啉药剂防治；后期的棉铃虫、烟青虫和甜菜夜蛾等，可用丙溴磷、高效氯氰菊酯类药剂防治。

（9）采收。当外界气温不断降低时，大棚内最低气温下降到5℃时，可以把已经充分发育的果实连果柄全部摘下，轻拿轻放，减少机械损伤，装筐放入贮藏室内。未充分发育的果实可以继续留在植株上生长。进入11月中旬以后，当棚内最低温度降至2℃时，则将大小果实全部采摘，待贮藏成熟后再上市。

（三）茄子

1. 塑料大棚春季早熟栽培技术

随着对茄子周年供应的要求不断提高，加之近几年保护地种植黄瓜、番茄的经济效益相对较差，不少菜农将保护地种植目标转向茄子。早春大棚茄子生产已初具规模，对调节早春蔬菜淡季供应以及增加蔬菜品种起了重要作用。茄子是喜温作物，生长期对温度要求比番茄、辣椒高2℃左右，因此保护地茄子生产难度更大。春大棚茄子栽培管理技术的要点概述如下。

（1）优良品种的选择。由于茄子育种起步较晚，目前长江中下游区域尚缺乏保护地专用品种，种植面积最大的为鄂茄系列品种。其特点是早熟、生长势较强，适合保护地和露地早熟栽培，果实肉质致密、品质好，符合长江中下游区域的消费习惯。植株株形整齐、紧凑，叶色深绿，紫黑发亮，果实细长，商品性好。

（2）营养土的配制与种子处理。

①营养土的配制。播种床由于播种密度大，在单位面积内从床土中吸收水分和矿物质总量比较大；另外，由于植株根系密集，需氧量大所以播种床的营养土必须透气性好，含有幼苗生长所需要的各种营养成分。一般取肥沃的田园土5份、腐熟马粪4份、炉渣1份混合，另外，每立方米加入磷酸二铵2千克，充分混合、碾碎、过筛，即做成床土。

铺床。每亩地需1.5平方米播种床。铺床方法是先铺一层黏重土壤，耙平踩实，上面铺3～5厘米的营养土，然后浇透水，将催过芽的种子均匀撒播在床面上，再覆盖1厘米厚的营养土。床面支小拱棚，覆盖地膜，既保持水分又可提高温度，促进出苗。

茄子常规育苗

②种子处理。茄子种子可采用温汤浸种，也可用药剂处理，以达到消毒的目的。处理方法是，将种子放入55℃的水中，不断搅拌，直至降到室温；或用高锰酸钾1000倍液处理15～20分钟。茄子浸种时间为10～12小时，要求不断搓洗种子，去除黏液，以加快吸水和呼吸，促进发芽。浸种完毕后，用清水清洗干净、沥干，再进行催芽。

③催芽。将种子包在干净的湿布中，放于28～30℃的地方催芽。若采取变温处理，每天16小时30℃和8小时20℃交替变温处理，则出芽整齐、粗壮。

（3）培育壮苗。以10月上中旬播种为宜，采用大棚加小拱棚保护地育苗。苗期气温尽量控制在白天25～28℃、夜间15～18℃、地温12～15℃。长出三四片真叶时分苗，分出的苗可在棚内直接越冬。整个苗期要注意防止徒长和冻害。所育的茄苗要求苗龄较短、茎粗、棵大、根系发达。次年2月下旬或3月上旬定植至塑料大棚中管理。

①幼苗期管理。播种后密闭保温，尽量提高苗床温度，促进出苗。待出苗达80%后，打开地膜放风，降低温度和湿度，防止发生猝倒病。茄子易发生“戴帽”出土现象，可用喷雾器于傍晚把种壳喷湿，让子苗在夜间脱帽；也可在种子拱土时，均匀撒一层细土，既防戴帽出土，也能防止出苗拱土而引起的漏风现象。幼苗期，白天温度应维持在25～28℃，夜间温度15～18℃。待长出2片真叶时即可分苗。分苗前1天，将子苗床浇1次透水。

②分苗床的准备及分苗。分苗土的制备

与播种床的营养土制备方法一样。分苗床土的厚度为8～10厘米，以保证整个苗期根系对养分和空气的需要。近年来，营养钵被广泛应用到茄果类育苗上，既可有效地保护根系，又便于操作、管理、运输。茄子育苗用直径10厘米的营养钵较为合适。把营养土装入钵中，用手指在中央插个孔，把苗栽入孔中，然后封孔浇透水。

③苗期管理。分苗后，在床面支小拱棚以提高温度，尽快恢复根系生长，促进缓苗，一般5～7天即可恢复生长。随后幼苗进入花芽分化阶段，要求适当降低温度，促进花芽分化，白天温度维持在25～27℃，夜间15℃左右。

苗床水分管理。以满足秧苗对水分的需要为原则，既不要浇水过多，也不用过分控制水分。通过观察秧苗长势和表层土壤水分情况酌情处理。当表土已干，中午秧苗轻度萎蔫时，应选在晴天上午适当浇水。在秧苗正常生长的情况下以保持畦面见干见湿为原则。

施肥管理。如果床土含充足有机肥，秧苗生长正常，一般不需要追肥。如发现秧苗颜色淡绿，可用温水将磷酸二氢钾和尿素按1：1比例溶解后配成0.5%溶液用喷壶喷洒，随后用清水再喷洒1次，以防烧伤叶片。

炼苗。定植前10天为苗床浇1次透水，第2天切坨，并开始晒坨，晒至土坨表面见干时，向坨及土坨间隙撒细潮土进行囤苗。营养钵育苗时，只需挪动一下营养钵，以切断伸向钵外的根系。待秧苗根系愈合后，逐渐加大通风量，降温排湿，进行秧苗锻炼，以增强苗的适应性。

定植。在晴天上午进行。选壮苗，按株距40厘米的密度定植。根系埋土不宜过深，以和苗坨齐平为宜，定植后随沟浇水。水量不宜过大，以免地温下降，影响缓苗。

（4）田间管理。

①温度管理。定植后7天内不通风或少通风以提高地温，促进缓苗。待秧苗恢复生长后，应适当通风降温，以防秧苗徒长，保持叶色深紫。待进入结果期后，随着外界温度的升高和浇水量的增大，开始加大通风量。

②水肥管理。定植后1周浇1小水，即缓苗水。之后以控水蹲苗为主，促进根系发育。待大部分门茄开始膨大时，结束蹲苗，结合浇催果水施入少量速效化肥。门茄采收后即可封垄，并结合封垄施入20千克二铵或50千克腐熟鸡粪干。进入采收期后，因气温升高，通风量增大，应加强水分管理。

③中耕松土。缓苗后及时松土，提高根系温度。待门茄采收后开始封沟，将原来的定植沟封土，成为小高垄，而行间开出浇水沟。

④保花保果。大棚内湿度较大，通风不良，不易授粉，因此必须采用激素处理才能坐果。一般用20～30毫克/千克的2，4-D涂抹柱头或喷花。每天一次，不能重复。

⑤采收。门茄容易坠秧，因此应及早采收，以促进植株生长和对茄的发育。

⑥病虫害防治。保护地茄子最主要的病害是黄萎病，应进行轮作倒茬以防治。病害严重的地块可采取嫁接的办法，常用砧木为赤茄、托鲁巴姆等。茄子的主要虫害是红蜘蛛、茶黄螨和蚜虫，应加强虫情检查，在茶黄螨发生初期及早进行药剂防治，可用70%炔螨特乳油3000倍液或用20%甲氰菊酯乳油2000倍液，也可用20%三氯杀螨醇乳油800倍液喷雾防治。对于蚜虫和红蜘蛛的危害，可

用40%乐果乳油800倍液喷雾防治。

2. 大棚秋延后栽培技术

大棚秋延后栽培茄子，是在露地育苗、定植，天气转冷后扣棚覆盖生产，其产品主要供应秋冬淡季市场。种植秋延后茄子，市场价格好，效益较高，管理较容易。

（1）品种选择。秋延后栽培的品种与春早熟栽培的品种不同，既要抗热、耐湿、抗病，又要具有一定的耐寒性。

（2）培育壮苗。秋延后栽培茄子，一般在6月底至7月初育苗。此时正值高温、多雨季节，不利于茄子的生长发育。因此，栽培成功与否关键在于培育壮苗。

苗床应选地势高、排灌水方便、3年内未种过茄科作物的土块。由于此时的气温高，育苗时间短，故只要施入少量腐熟有机肥作基肥。按每立方米床土加200～300千克有机肥，深翻整平作畦，同时按20～30份床土加入1份药的比例，加入敌磺钠和代森锌的混合药剂进行土壤消毒，以防发生苗期病害。苗床整平后，浇足底水。播种时按15厘米×15厘米划方块，并将催好芽的种子放在方块中央，每一个方块放一两粒种子，随即用过筛营养土盖严，盖土厚度1～1.5厘米。畦上再插小拱架，上面覆盖遮阳网或纱网以防太阳暴晒和大雨冲淋。出苗期若床内缺水，可用喷壶洒水，禁止大水漫灌，以防土壤板结，影响幼苗出土和生长。

茄子嫁接育苗

幼苗出土后，要及时松土，以免幼苗徒长或因苗床湿度大而发病，同时应清除杂草。如幼苗徒长，可用0.3%浓度的矮壮素溶液喷洒幼苗。如果幼苗发黄、瘦小，可用0.5%的磷酸二氢钾和0.5%尿素混合液在幼苗2片叶时进行叶面追肥，促进植株健壮生长，增强抗病能力。苗期要注意防治蚜虫和白粉虱等虫害。喷肥和喷药都要在傍晚进行。此茬茄子育苗期间温度高，幼苗生长较快，一般不进行分苗，以免伤根而引发病害。当苗龄40～50天，有5～7片真叶，70%以上植株现蕾时，即可定植。

（3）定植。秋延后栽培应选择3年以上未种过茄科作物的地块建棚，以防止土传病害的发生。定植时，每亩穴施或沟施复合肥40～50千克。一般早熟品种按40～50厘米行距，中熟或中早熟品种按60～80厘米行距挖穴或开沟，株距一般为40～50厘米。

定植应选阴天或晴天的傍晚进行。定植前一两天在苗床内浇足底水，定植时应尽量带土移栽幼苗，注意淘汰弱苗、病苗和杂苗，栽后应立即浇水，以防秧苗萎蔫。

（4）定植后的管理。

①缓苗期的管理。大棚秋延后栽培茄子，一般于9月下旬至10月初定植。此时由

于外界气温较高，能够满足茄子正常生长的需要，一般不用盖膜。茄子定植后，缓苗快，缓苗后生长发育旺盛。缓苗期间如果中午温度过高，土壤水分蒸发和叶面蒸腾量大，会出现秧苗中午前后萎蔫的现象。因此，要注意观察土壤墒情，适时浇水、中耕保墒。高温天气，中午要适当遮阴降温，防止秧苗萎蔫，以促进缓苗发根。当夜间气温连续几天低于12℃时，就要盖大棚膜。长江中下游流域，一般于秋分过后扣膜。寒露至霜降期间，如果天气正常，白天气温较高时，要揭膜通风降温，此时大棚草帘也应尽量盖好，以防夜晚出现霜冻。如果遇寒流天气，要及时封棚保温。寒流较强时，晚上还要放草帘保温。

②结果前期的管理。从定植到茄子开始采摘上市一般需30～40天。此期间外界气温逐渐降低，应加强温度调节，控制棚内白天温度在22～28℃，夜晚13～18℃，争取门茄早收，提高对茄的坐果率。门茄“瞪眼”以前，土壤不旱不浇水，尽量不施肥，以免引起植株徒长造成落花落果。注意及时中耕除草，进行植株调整，摘除门茄以下的侧枝老叶。若植株密度大，生长旺盛，可以进行单杆整枝，以利通风透光。为了防止因夜温低、授粉受精不良而引起的落花落果，可用0.002%～0.003%的2, 4-D溶液蘸花或涂抹花柄。门茄“瞪眼”后，应及时浇水、施肥，每亩施尿素10～15千克。一般在上午10点钟左右浇水，浇水后封棚1～2小时，然后通风降湿。

③结果盛期的管理。门茄采收以后，当茄子进入结果盛期时，需肥、需水量也达到最大值。因此，此阶段的重点应放在肥水管理上。一般每隔7天左右浇1次水，每隔2次水追施1次肥。每亩每次可追施尿素13千克和硫酸钾（钾肥）7千克或腐熟人粪尿800～1000千克，应结合浇水进行追肥。此时的外界气温更低，浇水应选晴天上午进行。如果盖了地膜，应在地膜下浇暗水，使用滴灌效果更好，可将肥料配制成营养液直接滴灌。为了避免夜晚棚内地温低于15℃，浇水后应闭棚，利用中午的阳光提高棚温，使白天棚温保持在25～30℃。当棚内温度高于32℃时，应及时通风降温。夜间温度宜控制在15～18℃。昼夜温差保持在10℃左右，有利于果实生长。生长后期可以结合病虫害防治进行叶面追肥。喷药时，可加入0.2%浓度的尿素进行叶面追肥，作为根系吸收能力减弱的补充。

秋延后茄子一般采取双杆或单杆整枝，当“四门斗”茄“瞪眼”后，在茄子上面留3片叶摘心，同时将下部的侧枝及老叶、病叶打掉，并清理出棚外埋掉或烧掉，以改善棚内通风透光条件，减少养分消耗和病虫害的发生和传播。

采收茄子，不宜在中午进行，因中午茄子含水量低，外观色泽较差，可在傍晚或早晨采摘。如在早晨采摘，注意不要碰断枝条，因早晨植株枝条脆，易折断。由于塑料大棚的保温性能有限，当棚内气温降低并且可能对茄子造成冷害时，要及时将茄子全部采收，以免造成更大的损失。

（5）易出现的问题及解决措施。

①落花落果。造成茄子落花落果的原因很多，如花器官本身发育缺陷、短花柱、花粉量少甚至无花粉；低温，特别是持续低温造成受精不良；病虫危害；植株营养不良等。要防止落花落果，可通过改善植株营养状况，及时防治病虫害等措施来解决。另

茄子大棚栽培

茄子成熟

外，使用植物生长调节剂也可起到保花保果的作用。

②僵果和畸形果。僵果主要是受精不良引起的，使用防落素蘸花也易导致僵果。用0.0025%的2, 4-D溶液蘸花，可有效地防止僵果的发生。畸形果主要是激素使用不当造成的。茄子“瞪眼”后，用0.02%～0.03%的赤霉酸均匀地涂果，可以减少畸形果的发生。

五、瓜类蔬菜设施栽培技术

（一）西瓜

1. 大棚早熟栽培技术

（1）适宜大棚栽培的品种。适合用于塑料大棚栽培的品种必须具备以下条件：①早熟或早中熟中果型品种，中熟品种可以考虑，不宜选用中晚熟和晚熟品种。②长势不太强的品种。长势太强会造成茎蔓徒长、通风透光不良、坐果困难、营养生长与生殖生长均不良的恶性循环。③选用耐低温、耐弱光性能好的品种。④耐湿性和抗病性较强的品种，冬季和早春的棚室内，环境较密闭，空气湿度大，病菌容易滋生繁殖。⑤品质优良并对采收成熟度要求不严的品种，果实早采，七八成熟就有较高的食用品质，更能发挥早上市的优势。

目前较适宜大棚早熟栽培的品种有超2011、橘宝、早春红玉、红小玉、黄小玉、全家福等。

（2）整地施肥。大棚早熟西瓜栽植要求精细整地，应在冬前深耕25厘米，进行冻垡，使土壤疏松；若是利用越冬菜或早春育苗用大棚时，应在定植前10天进行清园，并深耕晾垄和大通风，以降低土壤湿度。然后将一半的底肥全面撒施，再翻入土中，整平后开沟集中施肥和作畦。整地时，应将前茬作物根系拣出棚外。

大棚内作畦方式可采用小高垄和高畦。在地面匍匐栽培时，可用南北向畦（与大棚纵向平行）。采用立架密植时可按行距1～1.2米作畦，在双蔓整枝和每株留一瓜的情况下，按1米行距作小高垄为宜，垄基部宽60厘米，垄面宽40厘米，垄高10～15厘米，垄沟宽40厘米。

规划好瓜行位置后，即可沿定植行开施肥沟（丰产沟），沟宽、深各40厘米，沟内分层施肥，混匀后合垄，再在垄上踏一遍，落实土壤，然后在垄中间顺瓜行开浅沟，灌水造墒（在地下水位高或土壤较湿时，可不必开沟灌水），待水渗下后，再将垄恢复，并平整畦面成龟背形，随即扣地膜提温。地膜宽度以能将60厘米宽的垄全部覆盖上为宜，垄沟不盖膜，以便沟内灌水。地膜四边同样要压土封严（膜幅宽70～80厘米）。

底肥用量和种类：一般每亩施优质厩肥4000～5000千克（或腐熟鸡粪3000～4000千克）、过磷酸钙50千克、硫酸钾15～20千克、腐熟饼肥100千克。底肥中的有机肥在耕翻时施入一半，丰产沟内施另一半。

（3）移栽定植。大棚西瓜多采用3层薄膜覆盖，可比小拱棚双覆盖早定植10天左右。一般可在棚内土壤温度稳定在最低13℃以上，平均气温18℃以上、棚内最低气温在5℃以上时定植。

大棚内的栽植密度一般可较小拱棚双覆盖大些，具体因品种和栽培方式而异，采用立架栽培的要比爬地栽培的密些。爬地栽培一般每亩700～800株。立架栽培情况下（嫁接苗和双蔓整枝），长势偏弱、叶形较小的早熟品种，以每亩1300～1500株为宜（行株距1米×0.4～0.5米）；生长较旺，叶形较肥大的早熟或中熟品种，以每亩1100～1300株为宜（行株距1米×0.5～0.6米）为宜。要注意适宜的定植密度，密度小则产量低，密度过大又导致单瓜重下降、商品品质降低，且植株徒长，空株率高。特别是在春季阴雨多、光照弱的地区，大棚栽培更不能过度密植。

大棚内西瓜的定植，先在扣膜的畦面按株距划出定植穴位置，然后选晴天定植，在上午9时至下午3时栽完。先将选出的健壮瓜苗带土坨或连同营养钵一起运入大棚内，分摆在各定植穴附近的垄面上，再用移植铲在定植穴中心破膜挖穴。定植穴的大小应与土坨或营养钵大小相适应。然后向穴内浇适量底水，待水刚渗下时即栽苗。栽苗时先小心脱掉塑料钵，将完整土坨植入定植穴内，使土坨表面与畦面平齐或稍露出。摆正瓜苗后填土，沿土坨四周用手将填入的土轻轻压实，但不可挤压土坨和碰伤瓜苗。若垄内土壤较松且底水不足或土坨较干时，可栽苗后随即再补浇小水，随后封穴。也可在定植当日暂不封穴，次日再补浇小水后封穴，以利于缓苗。全棚面积较大时，可将各道工序分工连续作业，以保证短时间内栽完。全棚栽完后清扫畦面，并在垄面上插小拱架，其上扣薄膜，呈一条龙式小拱棚。由于大棚内无风，故拱架可简单些，小拱棚也可用地膜覆盖，并且不必压得很牢，以便天暖时昼揭夜盖。为了以后补苗，棚内应同时多栽一些后备苗。做完全部工作后，即可扣严大棚提温。最好在下午2～3时前定植完毕。

（4）大棚内管理。

①温度管理。定植后5～7天内，要使地温保持在18℃以上，以促进缓苗。为此，要密闭大棚和大棚内小拱棚，不要通风换气。

西瓜穴盘育苗

西瓜营养块育苗

西瓜工厂化育苗

开沟做厢

当白天温度高于35℃时，则应设法遮光降温。若遇强寒流，应在大棚内小拱棚上增加覆盖，使地温最低不低于12℃，缓苗期不灌水，以防降低地温。

缓苗后可开始通风，以调节棚内温度。保持白天不高于32℃，夜间不低于15℃，随着气温升高而逐渐增加通风量，以促进西瓜伸根发蔓，稳健生长。为改善光照，可在白天上午9时至下午3时期间，将大棚内小拱棚临时揭开，当瓜蔓长30厘米左右时，可撤除小拱棚。华北、山东、长江中下游地区4月下旬至5月上旬间，为大棚西瓜盛花期，应保持光照充足和较高夜温，因为如果在人工授粉后夜温低，易造成落果和影响果实肥大。5月中下旬，棚外温度超过18℃时，应加大通风，保持天窗和棚两侧同时通风，控制白天不高于30℃，防止日夜温差过高。此时，西瓜进入膨瓜期和成熟期，高昼温和过大的昼夜温差会导致果实肉质变劣，品质下降。

②湿度管理。大棚内空气相对湿度较高。在采用地膜覆盖条件下，可明显降低空气湿度。一般在西瓜生长前期棚内空气湿度较低，但在植株蔓叶满架（立架栽培）或封行（地爬栽培）后，由于蒸腾量大，灌水量也增加，棚内空气湿度会增高，白天相对湿度一般在60%～70%，夜间达80%～90%。为降低棚内空气湿度，减少病害，可采取晴朗、气温较高的白天适当晚关棚，加大空气流通及行间铺草降低土面蒸发等措施。若遇阴雨天，可不开天窗，防止雨水落入棚内，平时尽量减少灌水次数。西瓜生长中后期，保持相对湿度在60%～70%为宜。

③光照管理。西瓜要求较强的光照强度，但由于大棚的棚膜表面结露珠或表面不洁净，常使透射入棚内的光照强度降低，特别是在多层覆盖情况下。因此，应注意保持棚膜洁净，不要使用透光很差的旧薄膜，大棚内光照主要来源于顶部（上光）和侧面（侧光），地面薄膜在生长前期也有一定反光作用。试验资料显示，立架密植栽培时，距地面1米以上的叶面积的正常光合作用对西瓜产量影响很大。因此，在西瓜生长期应始终保持棚顶部和两侧的光线畅通无阻地进入大棚内部，使棚内1米以上叶片在生长中后期也能获得足够的光照，这对维持叶片寿命和功能是重要的。此外，要严格整枝、及时打杈和打顶，使架顶叶片距棚顶薄膜有30～40厘米的距离，防止行间、顶部和侧面郁闭。在绑蔓时，要注意使叶片层间有一定（20～30厘米）的间距，防止相互重叠。

④棚内气体调节。由于大棚内施肥量大、温度高，而大棚封闭，常会造成棚内有害氨气积累，而西瓜在氨气浓度达5×10^{-6}以上时便会受害，严重时植株会死亡。此外，亚硫酸气体的增加也会危害西瓜，使西瓜叶片变黑，叶脉间叶肉细胞死亡。因此，必须采取通风、换气方法，使棚内气体保持新鲜，防止有害气体积累。

在大棚密闭期间，向棚内补充二氧化碳气可提高西瓜光合作用强度，从而提高产量。生产中可通过增施有机肥料，或用液态二氧化碳、二氧化碳发生机等为二氧化碳来源，自动补充二氧化碳。但人工补充二氧化碳时需有二氧化碳浓度测定仪器以保证适量补给，目前生产中较少采用。

⑤整枝。大棚密植条件下，要实行较严格的整枝。一般采用一主一侧双蔓整枝法整枝。主蔓长至30～50厘米时，侧蔓也已明显伸出。当侧蔓长到20厘米左右时，从中选留一条健壮侧蔓，其余全部去掉，以后主、侧蔓上长出的侧蔓都应及时摘除。在坐瓜节位上边再留10～15片叶，即可打顶。整枝工作主要在坐瓜前进行，但在后期伸出的多余侧蔓也应随时去掉，防止徒长和行间郁闭。立架栽培时，去侧蔓（打杈）工作要一直进行到满架、打顶。在去侧蔓的同时，要摘除卷须。西瓜膨大后，顶部再伸出的侧蔓和孙蔓，应根据是否遮光决定去留，若植株健壮也可不留。

西瓜多层覆盖栽培

西瓜小拱棚栽培

⑥搭架绑蔓。在大棚立架栽培，应进行立架绑蔓。架材可用长2.5米左右、直径1.5厘米左右的竹竿，也可用吊绳，但以粗竹竿为好，因为竹竿不易摆动，容易吊瓜而且不易落瓜。所用架材应截成所需长度，经表面消毒后使用。

在定植后20多天，主蔓长30厘米左右，拆除大棚内的小拱棚后，立即进行插架，过晚插架容易损伤蔓叶。可按每株瓜秧插两根竹竿，在植株两侧，距植株根部10厘米以上，顺瓜行方向排列（即在瓜行内相邻两株之间）插架，竹竿要插牢、插直立，每瓜行上的立竿要排成一线。插完立竿后，在距地表30厘米处绑第1道水平横竿，再在架顶部，距竹竿顶端20厘米处绑第2道水平横竿，然后再用纵向（与瓜行垂直）拉竿把各排立架竹竿联结成一体。纵向拉竿可绑在每排立竿顶部的横竿上。为防止立架在吊瓜以后，由于载重不断增加而倾斜倒伏，应用尼龙绳把纵向拉竿和各排立竿顶部的横竿都系牢在大棚骨架上，前后左右拉扯。这样，棚内立架与整个大棚架连成一体，坚挺而承重量大。

插立架后开始引蔓、绑蔓。当蔓长30～40厘米时，即可将匍匐生长的瓜蔓引上立竿，每蔓1根竿。绑好第1道蔓后，呈小弯曲形向上引蔓绑蔓，并注意使各蔓的弯曲方向一致，上下每两道绑绳之间距离25～30厘米，直绑到架顶。绑蔓时应采用“8”字形绳扣，并将瓜蔓牢固地绑在立竿上。绑蔓作业中应注意理蔓，把叶片和瓜胎合理配置。勿折断嫩蔓叶、雌花或瓜胎，后期绑蔓应注意不要碰落大瓜。绑蔓和整枝工作可结合进行。

地爬栽培时，大棚西瓜的理蔓方法与双覆盖栽培的基本相同，但由于是在大棚内栽培，故可在伸蔓后及时引蔓和整枝，也可省去压蔓等措施。为引导瓜蔓向预定方向伸长，只需用枝条在一定部位固定瓜蔓，或在畦面铺草，既能通过西瓜卷须缠绕而固定瓜蔓，又能减少土壤水分蒸发。大棚内地爬栽培时，也应采取较严格的整枝，密植时应用双蔓整枝法，在稀植时可采用三四蔓整枝，并及时打杈和去顶，防止蔓叶拥挤和重叠。

⑦人工授粉。塑料大棚西瓜一般在4月下旬至5月上中旬开花，由于棚内没有授粉昆虫活动，必须进行人工授粉才能确保坐果。根据大棚西瓜的开花习性，应在上午8～9时进行授粉，阴天雄花散粉晚，可适当延后。南方在西瓜开花期多雨，在雨天不可开棚顶通气缝，以防雨水落进棚内。为防止阴雨天雄花散粉晚，可在头一天下午将次日能开放的雄花取回，放在干燥温暖的室内，使其次日上午按时开花散粉，再给雌花授粉，授粉的做法与拱棚双覆盖栽培的做法相同。授粉后，应随即挂牌写明日期，以便准确确定西瓜成熟日期。为提高坐瓜率，防止空秧，可在主、侧蔓上都授粉。第1雌花节位过低时，应从第2雌花开始授粉，若第1雌花节位较高，可从第1雌花开始授粉。一般可从第1、2雌花到第3雌花都授粉，以便选瓜。

西瓜吊蔓栽培

⑧选瓜吊瓜。为提高单瓜重和使瓜形端正，应选留第2雌花，在第15至第17节位上坐的瓜。留瓜过早则瓜小、瓜形不正，过晚则不利于早上市。一般授粉后3～5天，瓜胎即明显长大，当瓜如鸡蛋大小时，应进行选瓜。每株选留1个柄粗而瓜发育快，无伤而不畸形的幼瓜。要优先在主蔓上留瓜；主蔓上留不住时，可在侧蔓上留瓜。其余未选留的瓜应及时摘掉。立架栽培时，当瓜长到如碗口大，重约0.5千克时，应及时进行吊瓜，以防幼瓜长大增重而坠落。地爬栽培时，应像拱棚栽培一样的进行选瓜、垫瓜和翻瓜。

⑨追肥灌水。大棚西瓜栽培前期浇水量不宜过大。一般在缓苗后，如地不干，可以不浇水；若过干时，可顺沟灌一次透水。此后保持地面见湿见干，节制灌水，提高地温，使瓜秧健壮。在伸蔓期，插支架前，可灌2次水，水量适中即可。一方面促进伸蔓发根，另一方面也有利于插架。开沟追肥和

插支架后，可再浇1次水，以利于发挥肥效，促进伸蔓。开花坐果期不浇水，以防止徒长和促进坐瓜。幼瓜长到如鸡蛋大小后，进入膨瓜期，可3～4天浇1次水，促进幼瓜膨大。西瓜定个后，每隔5～7天浇1次水。采收前7天停止灌水，促进西瓜转熟和提高品质。在土壤黏性或地下水位高等处，如南方多雨地区，应酌情减少灌水次数和灌水量。

大棚西瓜的追肥与拱棚双覆盖栽培的类似。在立架栽培情况下，可在立架前、大棚内的小拱棚撤除后，在瓜垄两侧开浅沟每亩施用氮磷复合肥20千克、硫酸钾5～10千克，为开花坐果打下基础。幼瓜长至如鸡蛋大小时，再亩施（结合灌水冲施）复合肥20千克、硫酸钾10千克，促进长瓜。果实定个后，为防止蔓叶早衰，可用0.3%的磷酸二氢钾叶面追肥一两次。在采收二茬瓜情况下，可在二茬瓜坐住，头茬瓜采收后，再追施三元复合肥15千克／亩。

⑩病虫草害防治。大棚西瓜生长期主要虫害为蚜虫。特别注意蔓叶满架后、膨瓜盛期内，棚内蔓叶茂盛，空气流通较差，蚜虫发生较重，防治办法参见病虫害防治部分。

主要病害有白粉病和炭疽病。白粉病主要发生在中后期，炭疽病多发生在膨瓜期，防治办法参见病虫害防治部分。

地膜覆盖情况下，如果在覆膜前未喷除草剂，棚内仍会有杂草发生，而且生长较快，应在杂草长出后不久，草苗幼嫩时，及早揭膜拔除，再重新盖好地膜，以后便不会再发生杂草。

（5）采收。由于大棚西瓜处于良好保护条件下，受光良好，因而果形端正、皮色鲜艳，无阴阳面，可生产出品质较高的西瓜。因此，应按挂牌标明日期，结合品种的果实发育天数，采收熟瓜，并轻拿轻放，妥善包装。采收工作宜在下午进行，次日早晨上市。

2. 秋延迟栽培技术

西瓜秋延迟栽培在9～10月收获，供应国庆和中秋节，秋瓜结合贮藏保鲜技术，供应期可延长至新年前后，衔接海南的冬季西瓜，使西瓜生产做到周年供应。

我国华北平原及其以南无霜期长的地区均有条件进行秋瓜栽培。特别是长江中下游地区梅雨结束后，昼夜温差逐渐加大，光热资源十分丰富，可谓得天独厚。

长江中下游地区秋季气候虽然有利于秋瓜栽培，但秋季西瓜的生长前期，7～8月暴雨较多，且与高温天气交替出现。而生长后期（10月中旬以后）气温下降明显。所以这个季节栽培西瓜的许多技术环节与春茬不同。

（1）品种选择与适宜播种期。最好选用优质、高产，耐高温、高湿，果皮坚韧，耐贮藏运输和抗病性强的中熟偏早或中熟品种，如超级2011、橘宝、春秋蜜、世纪春蜜等中早熟有子西瓜和鄂西瓜12、郑抗无子3号、黑马王子等无子西瓜品种。

长江中下游地区西瓜秋季栽培的首要条件是选择最佳的播种期。适宜的播种期为7月上旬，雌花盛期在8月中下旬，可使授粉避开连绵阴雨天，夜温也低，有利于提高坐果率。膨瓜期在9月，此时昼夜温差较大，光照较长而充足，白天同化作用强，夜间呼吸作用降低，有利于果实发育和积累糖分。播种过早，西瓜前期生长处在梅雨期，高温、高湿给苗期生长造成困难，果实膨大时又正遇高温干旱，昼夜温差小，不但影响产量，而且品质也差。播种过晚，后期天气转凉，果实发育成熟缓慢，产量降低，商品性差，甚至导致果实因积温不够而不能成熟。

（2）选地整地。春茬西瓜以排渍为主、灌水为辅，而秋季栽培则以灌水抗旱为主，兼顾排渍。所以秋瓜栽培一定要选择方便灌溉的田块，同时要能及时排除渍水。水稻产区不仅灌溉方便，瓜类虫害也较少，适宜种秋瓜。实践证明，蔬菜产区和棉花产区同类害虫的虫口密度较大，对西瓜为害重，种植秋西瓜防治难度较大。

秋西瓜生育期短，从播种到采收仅70～80天，为了提高产量和品质，每亩可施入饼肥75千克加复合肥50千克，或厩肥3000千克加复合肥30千克，结合整地作畦开沟施入瓜行，同时将肥料与土充分拌匀。

秋西瓜栽培作畦方式也与春季有所不同，主要有两种方式。

①单行栽培畦。单行栽培的畦面窄而高，所以在秋季高温、干旱天气，灌水方便，渗透快，水在畦沟内停留的时间较短，对减轻病害可起到一定的作用。整地方式是先整成中间呈龟背形宽5～5.5米的畦，在中间开沟形成两块一面坡的高畦，主沟宽50厘米左右，低沟宽30厘米左右。主沟灌水，低沟排水。②双行栽培畦。双行栽培畦的整地方式同春季西瓜。秋瓜生育期短、种植密度大，可将畦宽缩到4米。

（3）遮阳育苗，适当密植。西瓜秋季播种也可分直播和育苗移栽两种方法，以育苗移栽为主。

秋西瓜苗床管理是利用苗床防烈日高温，防暴雨，降温和控湿为主（春西瓜是以苗床增温防寒为主）。秋西瓜播种后，育苗床既要准备防暴雨的薄膜，又要准备防止高温、强光直射的遮阳网，这样才能在防止暴雨危害同时控制苗床湿度，防止幼苗徒长，减少病害的发生。

出苗后如遇高温、强光照，中午前后可以在苗床上覆盖遮阳网，使幼苗生长稳健。秋瓜育苗床上的拱棚要架得比春季棚更宽更高一些。棚膜与遮阳网不要覆盖到畦面，每边留20厘米宽的空档，以便通风降温。秋西瓜苗龄短，一般一两片真叶时就要及时移栽。宜在下午4时以后栽苗，阴天更好。定植后要及时覆盖地膜，保持土壤湿度，同时立即在膜上覆盖麦草、稻草、青草，防止膜下高温伤苗。

秋西瓜授粉和果实膨大期均处在干旱条件下，植株生长较春季慢，而且较有利于选留坐果节位，可适当密植，爬地栽培每亩定植700～750株，肥水条件好的地块可进行二蔓整枝，肥水条件差的地块进行三蔓整枝。

（4）盖膜覆草。秋季栽培西瓜同样需要地膜覆盖。因为此时温度高，虽然不需要增温，但是覆盖地膜后可起到显著保墒作用，有利于定植后瓜苗的健壮生长。在植株生长阶段，遇高温应减少伏旱灌水次数，可减轻劳动负担和病害的发生。

秋西瓜栽培最好覆盖银灰色地膜，驱蚜虫效果显著。银灰色地膜反光率高，能降低地温，还能抑制杂草。据试验，在高温的晴天，覆盖银灰色地膜，比不覆盖地膜土表温度低10℃，有利于苗期的生长。

秋瓜除定植行盖地膜外，还要盖草，用草将全畦面覆盖，降温、保潮效果显著。覆草后还可免去压瓜蔓的工序，减少劳动工时。但在覆盖普通地膜的情况下尤其要盖草，否则膜下地面温度过高易伤苗，从而抑制其生长。

（5）田间管理要点。

①追肥要及时，要追速效肥。如果大田苗期瓜苗生长较弱，要及时用15%腐熟的人粪尿液追施一两次。倒蔓时每亩施入复合肥10～20千克。坐果后瓜鸡蛋大时重施膨瓜肥，每亩施复合肥20～30千克。

②秋瓜生长中后期，天气干旱，雨水较少，应注意及时灌溉，特别是雌花开放前和果实膨大期，对水分十分敏感，如缺水，蔓先端嫩叶变细，叶色变灰绿，中午叶片萎蔫下垂。如开花坐果期缺水，花粉干燥，子房小，授粉受精困难，不易坐果。果实膨大期缺水，瓜小产量低，品质差。7～8月时有暴雨袭击，要注意瓜地排渍。

③授粉时间，要提前到上午6～8时。因高温干旱时花粉易干燥，清晨温度较高授粉可提高坐果率。

④注意翻瓜，以便保持果皮颜色一致，提高果实商品性。

（6）病虫害防治。秋天虫害较多猖獗，主要虫害有瓜绢螟、黄守瓜、蚜虫和红蜘蛛等。近几年生产中瓜绢螟对秋西瓜为害严重，要注意及时用药，虫少时可摘除卷叶，捏死幼虫。

（7）采收。在采收时要特别注意成熟度。若就地销售，要求采收十成熟的瓜；若外运至少要九成熟以上；需贮藏的也需采收九成熟的瓜，因为天气逐渐转凉，西瓜后熟很慢。采收要在露水干时进行。

（二）甜瓜

1. 早春茬大棚无公害栽培技术

（1）品种选择。适合早春茬大棚栽培的甜瓜品种很多，一般均选用耐低温、耐弱光的优质早熟品种，如西博洛托等优质厚皮甜瓜品种。瓜农也可根据当地消费需要和栽培习惯选择适宜的品种。

（2）培育壮苗。

①播种期。大棚栽培的播种期受大棚定植时棚内的地温影响。一般大棚地温稳定在12℃以上时，便可定植。甜瓜育苗期约1个月左右，所以再往前推1个月左右的时间，即是播种期。播种育苗常在加温温室和温床内进行。我国南方大棚甜瓜的播种时期是2月上中旬，如果保温条件好也可提早到1月育苗。

②种子处理和催芽。备播的种子经去杂去劣去秕，晾晒后再进行种子处理。用甲基硫菌灵或多菌灵500～600倍浸种灭菌15分钟，捞出放入清水中洗净，用浓度15%磷酸钠溶液浸种30分钟以钝化病毒，再用50～60℃温水浸种，搅拌至30℃，浸泡6～8小时，捞出后擦净种皮上的水分，用清洁粗布将种子分层包好，放置于30～32℃恒温下催芽（催芽方式多样，可在恒温箱、炉台、炕头、发酵粪堆或在锅炉房的温水桶内等处进行）。催芽24～30小时后露出胚根，即可播种。

③营养钵的制作与播种。甜瓜根系再生能力较差，所以需采用营养钵育苗以保护根系。配制营养土以满足甜瓜幼苗生长发育对土壤矿质营养、水分和空气的需要。营养土应疏松、透气、不易破碎，保水、保肥力强，富含各种养分，无病虫害。

营养土是用未种过瓜类作物的大田土、

园田土、河泥、炉灰及各种禽畜粪和人粪干等配制而成。一切粪肥都须充分腐熟。配制比例是大田土5份、腐熟粪肥4份、河泥或砂土1份。每立方米营养土加入尿素0.5千克、过磷酸钙1.5千克、硫酸钾0.5千克或复合肥1.5千克。营养土在混合前先行过筛，然后均匀混合。采用方块育苗的即可铺入苗床内使用，采用纸筒和营养钵育苗的则可装入纸筒或营养钵内再紧排在苗床里，此项工作应在播种前几天完成，以保证在播种前有充足的时间浇水、烤床。

苗床的营养钵用喷壶喷透水，晾晒4～6小时后即可播种。每个营养钵内放1粒催芽种子，播种后覆土1～1.5厘米，在床面上喷一遍辛硫磷药液（500倍），以防地下害虫。然后盖地膜，保持床土湿润以防范鼠害，提高营养钵的温度，幼苗出土后立即除去地膜，以便幼苗出土。

④苗床管理。苗床管理是以控制温度为主，出苗前要密闭不通风，保持床温30～35℃为宜。一旦幼芽开始出土就应适当注意放风透气，因为从幼苗出土至子叶平展，这段时间下胚轴生长最快，是幼苗最易徒长的阶段，所以要特别注意控制甜瓜苗的徒长。主要应采取以下措施：①床温降低到15～22℃；②尽量延长光照时间，保证幼苗正常发育；③降低床内空气和土壤湿度，空气相对湿度白天50%～60%，夜间70%～80%。当真叶出现后，幼苗不易徒长，因此床温应再次提高到25～30℃。幼苗长出两片真叶后，应降低床温，控制浇水，进行定植前的锻炼。另外，实践证明，采用昼夜大温差育苗，是培养壮苗的有效措施。当幼苗真叶出现后，白天床内气温30℃左右，夜间最低气温15℃左右，这样有利于根系的生长，又可以抑制呼吸作用和地上部分的生长，有利于培养壮苗。

（3）定植及大棚管理。

甜瓜育苗

①定植。如前文所述，大棚定植期与大棚内的地温有密切关系，因此各地定植期有所不同。长江中下游地区在3月上中旬。大棚定植时气温较低，应在定植前10～15天扣棚，以提高棚内温度。

②整地作畦。大棚内土壤在前茬作物收获后及时深翻20厘米，基肥以猪粪、牛粪、羊粪等有机肥为主，每公顷施52500～60000千克，过磷酸钙600千克。翻地时先撒施，施后整平，按1米畦距做高20厘米、宽70厘米的畦（呈龟背形高畦），畦底施入剩余的1/3基肥。浇1次底水，晾晒后铺上地膜。为便于采光，南北走向大棚顺棚方向作畦，东西走向的大棚要横着棚向作畦。栽苗前，用制钵器按一定距离在高垄中央破膜打孔，将幼苗栽到孔内，每畦栽1行，单蔓整枝时株距（孔距）为33厘米，双蔓整枝时为40～45厘米。单蔓整枝每亩2000株，双蔓整枝1400～1500株。通常大棚高畦上只铺地膜即可，但有时在定植后的短期内还加盖小棚，以利保温，促进幼苗的迅速生长。

③立架栽培。为适应大棚甜瓜密植的特点，多采用立架栽培，以充分利用棚内空间，更好地争取光能。常用竹竿或树棍、尼龙绳为架材。架型以单面立架为宜，此架型适于密植，通风透光效果好，操作方便。架高1.7米左右，棚顶高2.2～2.5米，这样立架上端距棚顶要留下0.5米以上的空间（称空气活动层），利于空气流动，降低湿度，减少病害。

甜瓜定植

④整枝。大棚甜瓜多采用单蔓整枝，少量也有双蔓整枝的。单蔓整枝时，主蔓12节以前不留子蔓，其子蔓在幼芽时即已抹掉，选择主蔓13～15节上的子蔓坐瓜，坐瓜子蔓留一两片真叶摘心，每株只留1个发育好的瓜。主蔓长到27～30片真叶时打顶。双蔓整枝时，选留两条子蔓第8节以上的孙蔓坐瓜，8节以下孙蔓全部疏掉，坐瓜孙蔓留一两片摘心，两子蔓25片叶打顶，最后每株留两三个瓜。此种整枝法多用于土壤肥沃、施肥量较大的地块上。

⑤棚内温、湿度的调节。甜瓜在整个生育期内最适宜的温度是25～30℃，但在不同生长发育阶段对温度要求也不同。定植后，白天大棚保持气温27～30℃，夜间不低于20℃，地温27℃左右。缓苗后注意通风降温。开花前营养生长期保持白天气温25～30℃，夜间不低于15℃，地温25℃左右。开花期白天27～30℃，夜间15～18℃。果实膨大期白天保持27～30℃，夜间15～20℃。成熟期白天28～30℃，夜间不低于15℃，地温20～23℃。营养生长期昼夜温差要求10～13℃，坐果后以15℃为宜。夜间温度过高容易徒长，不利糖分积累，影响品质。

适合甜瓜生长的空气相对湿度为50%～60%。而在大棚内白天空气湿度60%，夜间70%～80%也能使甜瓜正常生长。在苗期及营养生长期，甜瓜对较高、较低的空气湿度适应性较强；但开花坐果后，尤其是进入膨瓜期后，对空气湿度反应敏感，空气湿度过大，会推迟开花期，造成茎叶徒长，引起病害的发生。当棚内温度和湿度发生矛盾时，以降低湿度为主。降低棚内湿度的措施：通风。根据甜瓜的不同生育阶段和天气情况确定通风部位、通风量大小和通风时间，生育前期棚外气温低而不稳定，以大棚中部通风为好；后期气温较高，以大棚两端和两侧通风为主，雨天可将中部通风口关上。在甜瓜生长的中后期要求棚内有一级风。控制浇水。灌水多，蒸发量大，极易造成棚内湿度过高，所以要尽量减少灌水次数，控制灌水量。

⑥灌水。在整个生长期内土壤湿度不能低于48%，但不同的发育阶段，植株对水分的需要量也不同：幼苗期要少，伸蔓期和开花期要够，果实膨大期要足，成熟期对水分需求最少。通常大棚甜瓜浇1次伸蔓水和一两次膨瓜水即可。注意浇膨瓜水时水量不可过大，浇到高畦2/3处就可以免引起病害。

⑦人工授粉。大棚内昆虫较少，采用人工辅助授粉，能提高坐瓜率。人工授粉在上午8～10时进行。花期遇阴雨天，不易坐瓜，人工授粉尤为重要。

⑧病虫害防治。大棚内温度和湿度都较高，植株生长旺盛，茎叶郁密，容易滋生病虫害，因此，要控制灌水，注意通风换气，调节好棚内的温、湿度，并及时防治病虫害的发生。

⑨果实成熟与采收。判断果实的成熟度，可从颜色、香味等方面识别。多数品种的幼果和成熟果，皮色上有明显的变化。伊丽莎白和郑甜1号的幼果为深绿色，随着成熟度的增加，皮色逐渐变黄，完全成熟时为橘黄色，而白兰瓜的成熟果为乳白色。从伊丽莎白、郑甜1号雌花开放到果实成熟，需30天，白兰瓜需45天。果实成熟后要及时采收。当地销售品种，九成熟以上采收；外销、外运品种，八成熟采收。

2. 小拱棚无公害栽培技术

通常把高度小低1.5米的圆拱形骨架上覆盖塑料薄膜的栽培设施称为小拱棚。小拱棚与塑料大棚的主要区别是无法进人，管理作业一般须揭开薄膜进行，或虽能进人，但不能直立操作。在设置上，小棚是随用随建，不是永久性设施。

由于小拱棚有结构简单、投资少（设施投资仅是大棚的1/10～1/5）和使用管理方便等优点，所以小拱棚甜瓜的栽培面积远远超过大棚。但小拱棚双膜覆盖的保温性能远不如大棚，因此幼苗定植期不宜盲目抢早，否则容易受冻。我国中东部地区，厚皮甜瓜小拱棚双膜覆盖栽培的安全定植期一般在3月下旬左右。如果培育30～35天的大苗，则播种期为2月中下旬，收获期为5月下旬至7月中旬。长江中下游地区甜瓜的茬口安排，一般后茬多播种晚稻，前作有部分瓜田采取与油菜、大麦等越冬作物进行间套作。

（1）品种选择。小棚栽培应选用耐低温、易坐果、早熟、抗逆性强的优良品种。可选特早熟的富康M688、中甜1号、丰甜1号等厚薄皮杂交类型甜瓜和伊丽莎白等光皮、早熟的厚皮甜瓜品种。薄皮甜瓜可选用各地露地主栽品种，如广州蜜瓜、黄金瓜、白沙蜜等。

（2）栽培要点。

①育苗。小棚栽培时，在温床或大棚内进行育苗，播种期比大棚要晚些，育苗期30天左右。双蔓整枝，幼苗长出两三片真叶时

在苗床内摘心，以后带侧芽定植。多蔓整枝的主蔓摘心在小棚内进行。至于营养土的配制、种子处理、播种以及苗床管理等技术大体同大棚栽培。

②整地作畦定植扣棚。定植田选择通透性能好、昼夜温差较大、地温回升快、易于发苗的沙质壤土。每亩撒施优质厩肥3000千克，耕翻耙平，按1.5米行距划印、开沟，每亩条施禽畜肥1500千克或过磷酸钙40千克，将肥料与田土混均，作成宽80厘米、高20厘米的龟背形高畦，铺上地膜，每亩用膜量4～5千克。上述工作应在移栽前3～5天内完成，以提高地温，利于定植缓苗。定植前将苗床温度适当降低1～2℃，进行炼苗。栽苗时，用制钵器在地膜上按株距打孔，将幼苗栽入孔内。双蔓整枝株距33厘米，多蔓整枝45厘米。随移栽随插架扣棚，小棚高0.4～0.5米，棚宽0.8～1米。

③拱棚管理。覆盖期间的管理，最主要的是适时通风换气，严格控制棚内温度。通风应根据天气情况灵活掌握。无风的晴天要早通风，通风量要大，关闭时间晚一些。阴雨低温天气应晚点通风，通风量要小，早点关闭。寒流到来或刮大风的天气可不通风。在正常情况下，每天通风与闭塑料薄膜，通常在上午9～10时开始，下午16～17时以前结束。当棚温超过32℃时，就应开始逐步通风，切忌一开始骤然放大通风量，以防冷空气大量进入棚内伤害幼苗。当棚温降至20～22℃时，就应关闭塑料棚保温，使棚内夜间仍有较高的温度。甜瓜各发育阶段需要掌握的温度参照大棚进行。

甜瓜小拱棚覆盖栽培，大部分是在植株进入开花期或幼果期以后，就撤掉薄膜，此实际为小棚半覆盖栽培。实践证明，在定植后的整个生育期内进行覆盖，即使到后期也不撤棚，而只是拉起两侧薄膜放风，棚顶始终保持盖膜效果更好，这可起到防雨防病、促进果实生长发育的作用，这种栽培方式是值得推广的。

④整枝。甜瓜的小棚栽培以双蔓整枝和多蔓整枝为多。

双蔓整枝。双蔓整枝是小棚甜瓜栽培中最常用的一种整枝方式。当幼苗在两三片真叶时就已在苗床内摘心，定植后即长出三四条子蔓，从中选择两条长势好、部位适宜的子蔓，疏掉其余子蔓，当两子蔓长到20～30厘米时，摘除1～5节上的孙蔓，随着子蔓延伸，把6～8节上的孙蔓留作结果预备蔓，并留下一两片叶摘心，还要摘除无结实花的孙蔓。两条子蔓分别在高畦两侧反方向延伸生长，到20片叶时打顶。每株留瓜两三个。

多蔓整枝。幼苗长到5片叶对主蔓摘心，选留适宜的子蔓三四条，在子蔓5～6节处长出的孙蔓坐瓜，坐瓜孙蔓留两三片叶摘心。子蔓到15～18片叶摘心，每株留瓜3～4个。

上述两种整枝方法的原则是一样的，即前紧后松。坐瓜以前，严格进行整枝、去杈、摘心以及压叶等工作，待幼瓜坐稳后，一般不再整枝、压叶（植株过旺时可再进行一两次摘心），让植株自然生长，以增加光合作用，使果实迅速膨大，促进高产。

小棚栽培的灌水、防病等田间管理与大棚的大体相同。

3. 大棚秋季无公害栽培技术

大棚秋冬茬的厚皮甜瓜（洋香瓜）可贮存到元旦、春节上市，经济效益较高。但秋冬茬栽培的育苗期正处在7月至8月初的炎夏

甜瓜爬蔓栽培

季节。此季节光照过强，温度过高，降雨量大，枯萎病、蔓枯病、病毒病、蚜虫等病虫害严重。10～11月果实正处于膨大期及成熟期，此时气温下降，天气日渐寒冷，而甜瓜在膨大期和成熟期要求较高的温度、较强的光照和较大的昼夜温差。因此，秋冬茬栽培厚皮甜瓜有一定难度，管理不当会造成苗期多病，后期果实畸形，着色不良，导致减产或绝产。根据这种情况，应选用抗病性强、生育期短、成熟快的品种或选用中熟、抗病性好、后期耐低温兼耐贮性的品种。同时要抓好苗期和果实膨大期的管理。

（1）选用适宜品种。适宜秋冬茬栽培的品种要具有生育期短、易栽培、易坐果、适应性强、抗病性强等特点。目前主要使用早春栽培的品种，如伊丽莎白、西博洛托等。

（2）整地施肥作畦。前茬作物收获后，亩施腐熟有机肥3000～5000千克、过磷酸钙30～50千克、硫酸钾20千克或三元复合肥30～50千克及5%辛硫磷颗粒剂1千克。前茬为瓜类的旧大棚，每亩可施50%敌磺钠可湿性粉剂2千克，然后深翻、耙细、整平。单行种植时可扶垄，垄高15～20厘米，垄底宽50厘米，垄顶15厘米，垄距75厘米；双行种植时，可按1.5～1.6米做高畦，畦宽1米，沟宽50厘米，沟深20厘米，以南北向为宜。畦做好后，浇足底水，土壤墒情适宜时，将畦整成中间高两边低的龟背形。最好用1.3～1.5米宽的银灰色地膜覆盖高畦或垄面，以防蚜、防涝，降低土壤温度。

（3）搭棚。大棚只保留顶部薄膜，以便通风挡雨。随着气温的下降，再逐渐增加覆盖物保温。

（4）培育壮苗。

①播种时间。一般大拱棚7月中下旬播种，10月中下旬收获。

②育苗。可采用直播和育苗移栽两种式。直播用50%多菌灵500倍液或70%甲基硫菌灵600倍液浸种15～20分钟，捞出洗净，

甜瓜吊蔓栽培

再用55℃温水浸泡10分钟，搅拌至水温30℃左右，再浸泡6～8小时，然后用湿布包好种子，放在25～30℃条件下催芽，待种子露白时直接播在垄背上。种子有包衣的不能浸种，宜直接干播。播时以株距40～45厘米、穴深2厘米为宜，浇足底水后播种，每穴1粒种子，播后覆过筛细土1厘米。待种子全苗后覆银灰色地膜，并在有苗处开十字破膜口引苗出膜，幼苗周围压好土封膜。地膜两侧压入土中5～6厘米，以防风刮膜。

育苗移栽多采用营养钵育苗。营养土可采用未种过瓜类的菜园土4份、腐熟的有机肥6份，加50%多菌灵粉剂或敌磺钠25～30克/立方米配制而成。

育苗可在大棚内进行，也可搭拱棚遮阴育苗。方法是将苗床建成小高畦，畦长10～15米，宽1.2米，高10厘米。将畦耧平踏实，上面排放营养钵。钵内浇透水后每钵播1粒种子，播后覆细土1厘米。

③苗床管理。

防雨。注意天气变化，雨前及时盖好塑料薄膜，以防雨淋幼苗引发苗期病害。

防治病虫。如发现有倒苗、烂根现象，应立即用腐钠合剂150～200倍液灌根或用130～250倍液喷洒三四次，以防死苗。苗期还可喷洒75%百菌清可湿性粉剂600～800倍液防病。如发现蚜虫，应及时喷洒20%甲氰菊酯2000倍液或40%乐果乳油1000～1500倍液，以防病毒病发生。

通风。育苗床薄膜只盖拱架顶部成为天棚，薄膜或遮阳网要与幼苗保持0.8～1米的高度，四面通风。

遮阴。用遮阳网或麦秆在上午10时至下午3时阳光强时遮盖。

控制浇水。苗期一般不旱不浇水，需要浇水时少浇勤浇，防止幼苗徒长。

④定植。播种后25～30天，幼苗3叶1心时，选择晴天下午或阴天进行定植。定植时可在覆盖银灰色薄膜的垄背或畦面上按株距40～45厘米用制钵器破膜打孔，畦栽的每畦两行，畦上行距50～60厘米，每亩栽植1800～2000株。打孔开穴后先浇水，水渗后

将营养钵中的幼苗轻轻栽到穴中，然后封穴浇定植水，幼苗周围压好土封膜。

（6）定植后的管理。

①肥水管理。定植后根据土壤墒情，在蔓长30厘米时和坐瓜后、果实膨大期各浇水1次。当幼瓜长到鸡蛋大小时，结合浇水，亩施复合肥25～30千克或西瓜专用肥150千克。整个生长期结合喷药可叶面补肥两三次。最好在幼果期、果实膨大期叶面喷施腐钠合剂130～250倍液和复硝酚钠1000倍液，以防花叶、小叶和枯萎病，促进早熟增产。进入果皮硬化期和网纹形成期，应控制浇水，以防裂果和形成粗劣网纹。成熟前一周停止浇水。

②整枝打杈。采用单蔓或双蔓整枝，每蔓留一两个瓜。秋冬茬留瓜多留在10～13节位。此茬生长前期气温高，生长旺盛，容易徒长，应严格整枝，除选留的主蔓和侧蔓外，其他枝杈应及时摘除。坐果后及时摘心。从果实膨大到成熟的这段，气温下降，光照强度减弱，植株的光合作用减弱，为保持较大叶面积，进入果实膨大期，除打顶外，停止整枝，可任其生长。

③人工授粉。为提高坐果率，可在开花期每天上午7～10时授粉，9～10时为最佳时间。一朵雌花要求授两三朵雄花。将开放的雄花摘去花冠，在雌花柱头上涂抹几下，或用毛笔蘸雄花花粉在雌花柱头上轻轻地涂抹。也可喷施坐果灵授粉。方法是在开花前1～2天或开花当天，用坐果灵5克兑水0.3～0.5千克，均匀喷布瓜胎或花序，成功率在90%以上。使用时要随配随用，喷施要均匀，以免出现歪瓜。

④留瓜与吊瓜。当幼瓜长到鸡蛋大小时，选留瓜形圆正、符合本品种特点的瓜作商品瓜，早熟小型果品种留2个，晚熟大型果留1个。幼瓜长到250克左右时，要用塑料绳吊在果梗部，固定在支柱的横拉铁丝上，以防瓜蔓折断，果实脱落。秋冬茬高架立体栽培瓜蔓必须用塑料绳固定，防止寒流时落蔓。

⑤温湿度及光照调节。9月上旬前，大棚只保留顶部棚膜，拱圆棚可将两裙部薄膜卷起，便于防雨、通风，把温度控制在白天27～32℃，夜间15～25℃。9月中旬至10月上旬气温下降至20℃，而果实的膨大和成熟，白天需要25～32℃，夜间需要15～20℃。若白天温度下降至20℃以下，夜间下降至12℃以下，必须采取保温措施，将棚膜全部盖好。进入11月，时有寒流侵袭，大棚内需设小拱棚。小拱棚高40厘米，宽100厘米，覆膜前先将吊绳剪断，再将瓜蔓轻轻盘绕在小拱棚内，将瓜吊在小拱棚的立架上，然后将膜盖好，以防冻害。当大棚温度超过30℃时，可将小拱棚两头或南侧揭膜通风。为使果实正常膨大，应增强光照，经常清扫塑料薄膜，以增强透光度。阴天时，只要棚内温度不很低，仍要通气，以降低棚内湿度，减少发病。

（7）适时采收。秋冬茬厚皮甜瓜，一般价格较高，可根据市场情况适时采收。因秋冬茬厚皮甜瓜处在温度低、光照弱的条件下，果实成熟慢，要求在九成熟时采收。成熟瓜在瓜蔓上可延迟数天收获，由于此时棚温不高，一般不会影响品质。在果实不受寒流影响的前提下，可适当晚采收。收获后，如不能马上销售，可摆放在比较干燥的环境中贮存。只要不受冻害，可以贮存到元旦、春节销售，不会引起品质变化。

（三）黄瓜

1. 塑料大棚早春栽培技术

（1）选用适宜的品种。宜选用对温度适应性广、耐低温弱光，长势中等、适宜密植、单性结实率高、结瓜节位低，瓜码密，雌花多，抗病性强优良品种。多用主蔓结瓜为主的早熟春黄瓜品种，如津优30、津优33、津优35、津优36、津优38、冀美之星、际洲3号、新美国1号、保优3号、中农9号、农大12等。

（2）培育壮苗。要根据不同地区大棚春黄瓜适宜的定植期，确定适期播种，培育壮苗。在高纬度的北方地区春大棚安全定植期一般推迟在4月中下旬；华北地区春大棚安全定植期一般在3月下旬，而长江流域、华东地区提早在3月中旬。春季育苗，一般苗龄在45～55天，亦见苗龄在35～45天，即可定植大田，可依此推算出最佳播种育苗适期。一般利用加温温室或加温温床内营养钵育苗。播种前先进行种子消毒处理、温汤浸种后催芽。为提高幼苗的抗寒性与抗病能力，可用黑籽南瓜作砧木进行嫁接育苗。

加强苗床的温、湿度管理。前期重点在于增温与保温。白天争取多见光以利增温；晚上增加覆盖以利保温。播种至开始出苗，白天应保持25～30℃，夜间15～20℃。幼苗开始出土至子叶平展时仍应注意保温，但可适量通风，保护白天20℃、夜间12～15℃为宜，以促使幼苗下胚轴加粗生长，防止幼苗徒长。但亦不能太低，以免幼苗发育受阻，形成僵化苗。第一片真叶出现后苗床温度应稍升高，白天保持25～28℃、夜间15～16℃，以利幼苗生长。定植前7～10

黄瓜苗期管理

天要适当降低床温，白天20℃左右、夜间12～14℃，提高幼苗的抗寒性，以尽早适应定植后的环境，提高成活率。

黄瓜出苗后一般不宜浇水，以防因浇水而导致苗床地温下降，可在床面撒干细土以保湿。黄瓜苗期应保持土壤湿润，床土干燥时宜酌情浇水，但应严格控制浇水次数与浇水量。浇水宜在晴天上午，并控制浇水量，浇水后还要及时通风，降低空气湿度。

选择优质壮苗供大棚定植。一般黄瓜优质壮苗的标准是：幼苗植株生长达到4叶1心，子叶肥厚、绿色，叶片平展、肥厚、浓绿色，无病虫害。秧苗矮壮，株型紧凑，植株高度10～13厘米，节间短，茎粗壮。

（3）定植前大棚土地准备。选择前茬为非瓜类作物的土地，避免连作重茬，减少病虫害的发生。前作出茬后，立即清理田园，深耕碎垡，有条件的可进行大棚及土壤消毒。冬闲地可深耕冻垡。结合耕翻土地施足腐熟有机肥及复合肥。每亩地可施有机肥5000～7000千克。

碎土整平后，根据不同地区的栽培习惯，分别做成平畦、小高畦或小高垄，北方多用平畦，畦宽1.1～1.5米，长12～15米。南方多用小高畦。畦面均覆盖好地膜。定植前争取时间尽早盖好大棚膜，提高棚内温度，准备定植。

（4）适时定植。选“冷尾暖头”，大棚内10厘米深处地温稳定在10℃以上，夜间棚内气温在5℃以上时定植，北方高寒地区可迟至4月中下旬，华北地区多在3月中下旬，长江流域及其以南地区可在2月中下旬至3月上中旬定植。宜在晴天上午进行定植，下午闭棚增温。作宽畦，畦宽1～1.2米，宽窄行双行栽培，宽行行距100厘米、窄行行距40厘米，株距25～30厘米，每亩地定植3000～4000株。窄畦宽30厘米，畦高12.5厘米，畦距80厘米，单行定植，株行距17厘米×100厘米。

（5）田间管理。定植至活棵为缓苗期，约7天左右。定植后浇足定根水并架起小拱棚，用双层膜覆盖，尽量提高棚内气温与地温，缓苗期内棚温白天保持30～35℃，夜间15℃，白天棚内气温不超过38℃，一般不放风。缓苗至根瓜采收前为初花期，亦为甩蔓期。一方面，要促进根系发育，控制地上部生长，防止窜苗徒长；同时又是植株由营养生长向生殖生长转化的时期，既要防止营养生长过旺，出现根瓜化瓜，影响结果和早熟性；亦应注意不能过度控制肥水，加之低温有利生殖生长，而过度抑制营养生长，会形成“瓜打顶”。要通过适当的管理，协调好植株生长与结果的关系。此期间在非地膜覆盖畦上松土两三次，可以提高地温，促进根系发育。缓苗后通过适当放风，适当降低棚内温度，白天25～30℃，超过30℃对放风，午后棚温降至25℃闭棚，夜间棚温保持10～15℃。缓苗后还要注意不浇水、不追肥，进行蹲苗，直至根瓜开始发育，以促进根系生长，控制茎叶旺长，有利结瓜。根瓜开始发育，应及时结束蹲苗，浇1次水，并结合施充分腐熟的人粪尿或复合肥。蔓长25～30厘米时即插架绑蔓，随时摘除卷须、雄花，并将10叶以下的侧蔓摘除，可集中养分供主蔓生长需要，确保主蔓结瓜。此时正值初春，棚外气温不稳，一方面要注意防冻，一方面亦应在午间及时通风降温，防止晴天中午40℃以上高温造成黄瓜叶片灼伤。根瓜开始采收至拉藤（4～6月）为结瓜期，这段时间既是黄瓜植株旺盛生长时期，又是旺盛结瓜、采收的高峰期。4～6月，外界气温不断升高，要不断根据棚外气温的攀升，及时通风降温。4月至5月上旬，黄瓜时值旺盛生长之际，产量亦高，当棚外温度在25℃以上时要掀开棚膜大通风，使棚内白天保持30℃左右，夜间18～20℃；5月中下旬以后，当棚外气温白天在25℃以上、夜间稳定在18℃以上时，即可撤去棚膜，转为露地栽培，而在南方多雨地区，可保留顶膜，撤除围裙膜，进行防雨栽培。

结瓜盛期前期应加强肥水管理，保持土壤湿润，土壤含水量80%～85%为宜，3～5天浇1次水，后期1～2天浇1次。但应注意浇水，需在采瓜前进行，而且阴天、下午、晚上和高温的中午均不宜浇水。要分期追肥，保证足够的肥料供应。根瓜坐住后开始，可每10～15天追1次肥，以腐熟的人粪尿和复合肥为主，亦可叶面喷施0.2%磷酸二氢钾或0.1%尿素三四次。

注意及时整枝、绑蔓，如果植株生长过旺，绑蔓时将主蔓下拉，以利水平生长，抑制向上生长；如果长势很弱，则通过及时绑蔓促其直立向上生长。当主蔓长至距架顶30厘米时要及时摘心打顶，促进下部生发侧枝，多结回头瓜，增加产量。一般侧蔓每蔓仅留1个瓜，在瓜前留2叶摘心，还要及时摘除老叶、病叶，以防病虫害的发生和通风，但应分次打叶，每次摘去一两片，以防一次性打得太多，过于削弱植株长势。

结瓜后期，植株生长日渐衰老，又值气候温暖，多数地区已撤除棚膜或保留顶膜，可视植株长势及市场需求酌情管理。

（6）适时采收。华北地区大棚春黄瓜一般3月下旬至4月初定植，4月中下旬开始采收；长江流域及华东地区大棚春黄瓜3月中下旬定植，4月中下旬采收。为满足市场需求，增加经济效益，应适时早收。早期可隔天采收，结瓜盛期应天天采收，以早晨采收为宜，一则夜间黄瓜增重较快，二则早晨采收棚内湿度大，采收后的果实可以保持鲜嫩，商品性好。

2. 塑料大棚秋延迟栽培技术

黄瓜塑料大棚秋季延迟栽培，是指春季塑料大棚早熟栽培的黄瓜和春夏露地栽培的黄瓜已拉藤，日光温室栽培的秋冬黄瓜尚未采收上市的空当季节，利用大棚早秋栽培、秋季延迟供应的栽培形式，一般是在7月上旬至8月上旬直播或育苗，7月下旬至8月下旬定植，9月上旬至11月下旬采收供应。

这茬黄瓜的生长季节是从幼苗期的高温、强光与多雨季节到生长中后期，棚外气温日渐下降，不利黄瓜的生长发育。因此前期黄瓜育苗与幼苗生长季节，要克服高温、强光照、多雨等环境影响。而进入结果期则要利用大棚等设施覆盖，增加棚内气温与地温，营造适合黄瓜生长与结果的大棚环境，以便获得较高的产量与效益。

（1）选用优良品种。根据大棚秋延栽培的季节特点与黄瓜的生育特点，应选用耐湿热、抗寒、抗病性强、生长势强、耐贮性较强、丰产尤其是中后期产量高的优良品种。目前多用的品种有津优1号、津优10、津优12、津绿1号、秋棚1号、津春5号、中农12及盛世福星等。

（2）适时播种与育苗。大棚秋延栽培黄瓜，应保证其棚内栽培时间不少于100天，争取较高的产量。可用种子直播，亦可育苗移栽。直播法无须育苗与移栽，不会伤根，亦可减少育苗设施的建造利用与育苗管

黄瓜大棚栽培

理，但用种量大。在种子质量不好或田间墒情不足时出苗不齐，幼苗亦会徒长，同时要求前茬地出茬早，常会出现等地播种的情况。育苗移栽可以集中管理，减少苗期高温、湿热和降雨对幼苗生长的影响，以利培育优质壮苗，同时还可腾出时间进行整地与施肥。因此，提倡育苗移栽。

要适时播种与育苗，长江流域一带则在8月下旬至9月上旬。育苗可利用原有温室或塑料大棚等设施内建简易育苗床，利用废旧农膜或遮阳网覆盖顶部发遮阳、防雨、降温；亦可选阴凉、高燥处建简易育苗床，并搭简易小棚，顶覆芦帘、麦秆、旧膜、遮阳网遮阳、防雨和降温。

播种前种子应先浸种催芽处理。苗期管理除适时、适量浇水外，主要是防高温和大雨，并注意尽可能多见光，防止幼苗徒长。

（3）及时定植。苗龄很短，一般20天左右、具2片真叶、株高8～10厘米的小苗应及时定植。要避免与其他瓜类作物连作重茬。前茬地出茬后应及时清理田园，深耕土地。大棚可采用硫黄粉闭棚熏蒸消毒。结合耕地施入充分腐熟的有机肥及复合肥。整平做成1.1～1.2米宽平畦或60厘米宽小高垄。可覆盖黑膜、银灰膜或黑白双面膜，打穴定植。株行距（20～25）厘米×（50～60）厘米，每亩4000～5000株左右，注意将定植穴四周用细土封牢，以防地膜下的汽化热从穴口逸出，灼伤黄瓜苗。

（4）定植后的管理。定植后要根据秋季大棚栽培的管理特点进行棚内温、湿度的管理。定植后至结瓜前期，棚外高温、多雨，除通过中耕适当补水、促进定植后及时缓苗活棵外，应揭开大棚四周薄膜通风以降温、降湿，并减少强光照射，防止病虫害发生。此阶段棚内温度尽可能保持在白天25～28℃，夜晚13～17℃为宜。进入结瓜盛期，黄瓜生长旺盛，亦是形成产量的关键时期，而棚外气温日渐下降，应扣严棚膜保温并合理通风。当棚外夜间气温不低于15℃

黄瓜成熟上市

商品瓜

时，不要关严通风口，棚内温度白天保持25～30℃，夜间不低于13～15℃。当棚外夜间气温低于13℃时，应关闭通风口。但在晴朗无风之夜，棚膜上应保留10厘米宽的小缝以通风排湿，减轻霜霉病等病害的发生。但北方地区此时会出现霜冻天气，夜间应扣严棚膜，保持棚内夜间气温在12℃以上，以防霜冻造成损害。

生长后期至拉藤前，棚外气温与棚内气温均见下降，应采取各种有效措施保温，白天减少通风，仅在中午短时间通风排湿，增加二氧化碳气体交换。还可在棚四周加盖草帘，棚内挂薄膜围裙或人工加热增温，当棚内夜间气温降至10℃左右时，应松绑落蔓，除去立架，搭好小棚，夜间在小棚膜外加盖草苫，以延长采收期。当夜间小棚内气温降至5℃时，已不适于黄瓜生长，应及时拉藤。

加强肥水管理。结瓜前控制肥水，但遇天旱，应3～5天浇1次小水，并增施磷钾肥或用0.2%磷酸二氢钾根外追肥。进入盛瓜期应注重肥水供应，每10～15天追肥1次，共追肥两三次，以复合肥为主。大棚秋黄瓜生长期间还应注意中耕除草，及时搭架绑蔓防止黄瓜徒长。多数品种易生侧蔓，瓜上留2叶摘心，但侧蔓不可太多，及时摘除部分不见雌花的弱侧蔓。主蔓25片叶，距棚架30厘米左右及时摘心，以利结回头瓜。

（5）适时采收。这茬黄瓜从播种到始收一般只需40～45天，由于前期行情一般不理想，故宜适当早摘瓜，以力争取后期产量。进入结果瓜中期要适时采收，避免发生附秧；后期则应适当推迟，并及早疏去畸形瓜，利用挂秧保鲜的方法增加后期产量。当棚内最低温度降到5～8℃时，就要将商品瓜全部采下，以防发生冻害。

（四）丝瓜

1. 大棚春季栽培技术

丝瓜大棚春栽培是一种促成栽培，是利用大棚等设施使丝瓜的开花结果期提前，商品瓜的上市时间早于露地栽培茬口的栽培方式。在南方一些气候相对较冷的地方，如在长江中下游地区种植丝瓜，可利用钢架塑料大棚设施，进行密植摘心栽培提早上市。

（1）选择适宜品种。应选择适宜当地

消费习惯、早熟、耐寒性强的丝瓜品种。

（2）培育壮苗。长江中下游地区，大棚春季丝瓜栽培可利用地热线温床或酿热温床育苗。每亩栽种面积需苗床15～20平方米，播种量为250～350克。浸种催芽后播种，播种后覆盖地膜并扣上小拱棚。在苗期白天的棚温保持在20～25℃，夜间10℃以上，并保持床土湿润。注意每天盖无纺布或草帘之前应先盖小拱棚薄膜，早晨先揭无纺布或草帘，再揭开小拱棚薄膜。定植前一个星期进行低温抗寒锻炼，夜间不再覆盖小拱棚。定植到大棚的丝瓜幼苗更要注意加强低温炼苗，以适应定植后棚内较大的昼夜温差。

（3）定植。定植前首先在棚内深耕晒垡，耕翻20厘米以上。每亩施腐熟农家肥7000～10000千克、三元复合肥50～75千克、尿素15千克。当幼苗长出三四片真叶时定植。种植方式有大小行种植和等行距种植两种，大小行种植时大行距80厘米，小行距40厘米；等行距种植时行距60厘米，株距以35～40厘米为宜。每亩种植2200～2500株。丝瓜为喜温耐湿作物，生长适温为18～24℃。早春移栽要采用地膜覆盖来提高前期温度、湿度，促进生长。

（4）田间管理。定植初期以防寒保温为主。遇到寒流强降温天气，在畦面扣小拱棚保温防寒。缓苗后白天尽量保持较高的温度，超过30℃时通风，午后降到25℃以下就要闭风。尽量给予大水大肥，促进旺盛生长和开花结果以提高采收频率。

①肥水管理。在旺盛生长期，要浇足水，保持土壤湿润。早期施提苗肥两三次，生长期间追施五六次。一般在天气晴好的条件下，每2～3天要浇1次水，每浇一两次水就追施1次肥。

丝瓜结果盛期，营养生长与生殖生长并进，是肥水需求高峰期，应重施勤浇，以保证高产、优质。可以在开始坐瓜时，每亩施尿素3～5千克，以500倍液浇施，促进坐瓜；在第三批幼果坐果后，再施人粪尿液500～600千克；以后每次收获后，每亩施3～4千克尿素，500倍液浇根。

②中耕除草。如果没有覆盖地膜，则中耕除草要勤，一般行浅中耕，以免伤须根。同时，要进行培土以促发不定根，增强植株的吸收能力。

③植株调整。丝瓜是攀缘作物，必须搭棚架并引蔓上架，防止丝瓜接触地面而造成烂瓜。当蔓长30～40厘米时要及时搭架，可采用棚架形式，搭架后进行人工引蔓、绑蔓。结果前不留侧蔓，结果后选留强壮、早生雌花的侧蔓。结果盛期，要摘除老叶、卷须、大部分雄花蕾和畸形果，以利通风、透光并集中养分，促进果实肥大。

如果是密植栽培，可在主蔓长35～40厘米时插小竹竿引蔓上架，棚架可搭成“井”字形，高2米左右，搭棚后人工绑蔓辅助上架。主蔓上初见幼瓜时，及时在幼瓜以上留三四片叶打顶，以换新蔓上架，并打掉侧枝。当新蔓已上棚顶时，可及时摘除基部老叶，回蔓70%于地面，适当培薄土，并浇薄肥，再绑蔓上架。

④人工授粉和增施二氧化碳气肥。为提高坐果率，当雌花开放后，选择晴天上午9时前，采摘盛开的雄花进行人工授粉。同时，坐瓜后要增施二氧化碳气肥，以增加产量。

增施二氧化碳可以显著提高产量，增强抗逆性，现在已广泛应用。增施二氧化碳的方法有多种，最简单的方法将二氧化碳装在液化气瓶中放至温室内施用。这种方法简便，成本低，易于推广应用。小规模试验可用小型二氧化碳发生器、压缩二氧化碳及燃烧丙烷获得，燃烧1千克丙烷可以发生1.5立方米二氧化碳。目前生产上采用较多的是化学反应，即以工业硫酸与农用碳酸氢铵反应，生成二氧化碳、硫酸铵和水。具体操作如下：用90%的工业浓硫酸，按酸水比1：3配制稀硫酸。配制时把浓硫酸慢慢倒入水中并不断搅拌，切不可将水直接倒入硫酸中。结果期碳酸氢铵用量为每平方米温室11～13克。把称好的碳酸氢铵用塑料袋或厚纸包着，然后在塑料袋或厚纸上扎几个孔，放入稀硫酸中。稀硫酸要用陶瓷缸或塑料桶存装，不可用金属桶，否则会起化学反应使硫酸失效。稀硫酸应过量，即在加入碳酸氢铵反应完全生成二氧化碳和硫酸铵后，还有剩余稀

丝瓜大棚栽培

硫酸。这样，既可免得经常配制，又可避免因稀硫酸过少而造成碳酸氢铵中的氨挥发，导致氨气危害。二氧化碳施肥时间为9～10时，施用后2小时，或温室气温超过30℃时即可通风。阴天、雪天或气温低于15℃时不宜施肥。生成的硫酸铵可在施肥时随水浇施。为了放心使用，可用pH试纸测试桶内的酸碱度，pH值达到7左右即可放心施用。

⑤及时揭膜，灌水抗旱。大棚丝瓜棚温应控制在20～28℃，温度在15℃以下或35℃以上时，很难坐果。棚温升高到30℃以上时，要及时揭棚膜（侧膜）通风降温，早揭晚盖。当进入5月下旬后气温逐步升高，应及时揭大棚顶膜。在高温、干旱的夏季，应经常灌水抗旱，保持土壤湿润，促进丝瓜膨大，提高丝瓜品质。同时，避免因土壤干旱引起返盐而导致根系枯死。

⑥适量使用植物生长调节剂。当丝瓜蔓生长到五六片叶时，可用40%乙烯利水剂1毫升兑3.5～4升水稀释喷施；雌花开花时，可用1.5% 2, 4-D水剂2.5～3毫升兑5升水的稀释液涂抹瓜柄或点花心，以提高坐果率，增加产量。

（5）病虫害防治。丝瓜病害主要有褐斑病、炭疽病、蔓枯病、疫病等真菌性病害和病毒病。真菌性病害可以通过轮作以及用代森锰锌、百菌清、多菌灵等杀菌剂进行防治。病毒病可以通过加强栽培管理、及时消灭蚜虫传毒媒介，配合喷洒植病灵、吗胍·乙酸铜等药液进行防治。

虫害主要有地老虎、瓜蚜、黄守瓜等。可与芹菜、莴苣等作物轮作，用敌百虫、烟碱等药液毒杀幼虫。

（6）采收。丝瓜果实发育快，开花

商品瓜

后10～12天即可采收。一般当丝瓜果梗茸毛减少，稍变色，手触果皮有柔软感而无光滑感时即可采收。气温较高、肥水不足时，要适当提早采收。采收最好在早晨进行。

2. 大棚秋延迟栽培技术

此茬口栽培的上市时间安排，是紧接在秋露地栽培之后。

（1）播种时间和栽培方式。长江中下游地区一般在7月上中旬播种，可浸种直播，也可育苗移栽。如果气候条件适宜，土地闲置，就可以采用直播方式。直播具有根系发达、健壮，苗出土后生长迅速的优点。如果是育苗移栽，应使用遮阳网育苗。

栽培方式一般采用起垄大小行种植，即大行距离80厘米，小行距离60厘米，株距30～35厘米，每亩栽2500～3000株。

（2）田间管理。定植后，连栋大棚条件下，幼苗容易徒长，开花结果晚，雌花少。如果是单栋大棚，可播种前或定植前只安装大棚的顶膜，在10月上旬后再安装大棚侧膜，进行温度管理。

缓苗后可喷120毫克/千克的乙烯利，促进多开雌花。前期要勤浇水，并且浇水要在早晨或傍晚进行。丝瓜保护地秋茬栽培的温光条件适宜的时间较短，结瓜后温度逐渐下降，所以缓苗后就要勤浇水勤追肥，尽量利用环境条件适宜时促进多结瓜。

在外界最低温度低于15℃时，改为白天通风、夜间闭风。当夜间温度不能保持10℃以上时，要覆盖草帘，白天缩短通风时间，减少通风量，延长高温时间，这一茬在出现霜冻前采收结束。

六、豆类蔬菜设施栽培技术

（一）豇豆

1. 防虫网夏秋覆盖栽培技术

夏秋栽培豇豆，豆野螟、斜纹夜蛾、斑潜蝇等害虫为害十分严重，特别是豆野螟，花期几乎每隔3～4天就要喷药防治1次，造成害虫抗药性增强，农药残留严重。无公害栽培建议采用防虫网纱覆盖栽培。

（1）品种及地块选择。夏季栽培宜选用开花结荚期耐热的品种，秋季播种晚的应选择耐寒性强的早熟品种。最好都选用对日照长短不敏感的品种栽培。

宜选择2～3年内未种过豆科作物、土质疏松、肥力较高、排灌条件好的壤土或沙壤土进行种植，土壤pH以6.2～7为宜。

（2）整地施基肥。栽种地应早耕深翻，精细整地。深耕前施足基肥，每亩施腐熟有机肥2500～4000千克，并深翻入土，整地筑畦。长江中下游地区宜深沟高畦栽培，畦宽1.3～1.4米（包沟），沟深25～30厘米。

（3）播种。6月上旬至8月上旬播种。每亩播种子1.5～2千克。采取直播方式，每畦播2行，行距60～70厘米、穴距25～30厘米，并加施钙镁磷肥20～30千克、草木灰50～70千克或硫酸钾10～20千克。每穴播种子两三粒，播后覆土2厘米。在覆盖防虫网纱前，用4.8%毒死蜱乳油1000倍液或80%蔬菜禁用乳油800倍液喷洒畦面，杀死残留在土壤中的害虫。喷药后可加盖地膜，待苗刚出土时破膜引出幼苗，并在孔周围压湿土。防虫网选用22目银灰色或白色防虫网，进行全生育期覆盖，网纱四周压严实并及时清除周边杂草，防止害虫潜入产卵。

（4）田间管理。

①搭架引蔓。豇豆植株高大，需塔高架，常用人字架或倒人字架，前期需人工引蔓上架三四次。

②肥水管理。在施足基肥的基础上，前期要控制肥水，氮肥要适量，以防茎叶徒长。一般于苗期至抽蔓期追施一两次10%～20%人粪尿；开花结果盛期酌情追施两三次20%～30%人粪尿。越夏生长的豇豆，开花结荚期长，更应注意后期的肥水供应，以防植株脱肥早衰，整个生长期间遇雨应排除田间积水，以免烂根、掉叶、落花。

③病虫害防治。因采用防虫网覆盖，个

体大的害虫被完全隔离。蚜虫、斑潜蝇等小个体害虫可分别用10%吡虫啉2500倍液、20%灭蝇胺1000倍液防治一两次。病害主要有锈病和煤霉病。锈病用20%三坐酮2000倍液喷雾防治，煤霉病用70%代森锰锌500～700倍液或70%甲基硫菌灵1000倍液喷雾防治。注意每种药剂最多使用2次，并要有7天以上的安全间隔期。

④采收。夏秋豇豆播种后，经40～60天即可开始采收嫩荚。豆荚采收标准为荚果饱满、种子刚刚显露、鲜嫩松脆。采收时要小心，以防损伤花序上的其他花荚。初期每隔4～5天采1次，盛果期每隔1～2天采1次，以傍晚采收为宜，采收期长达30～40天。

2. 大棚春早熟栽培技术

近年来，长江中下游地区利用塑料大棚栽培早熟豇豆，达到了提早采收上市的目的，获得了增产增收的显著效果。

（1）品种选择。大棚栽培架豇豆，要求品种早熟、丰产、耐寒、耐热、抗病力强、肉质厚、味道好、植株长势中等，叶片小而少，适于密植，不易徒长的品种；另外，应选择对日照长短不敏感、耐弱光的品种，如红嘴燕等。

（2）整地施肥，提早扣棚。大棚栽培豇豆，扣棚前应做好扣棚的准备工作，如钢架的刷漆、竹木架的维修等。若建新棚必须在扣棚前1个月左右建好。豇豆栽培大棚高度一般以2.2～2.5米为宜。

在豇豆播种或定植前15～20天就应扣棚，要把棚门及其四周封实，便于阳光照射后增温。土壤解冻后应立即深翻晒土增温，加速土壤熟化，并结合整地每亩施腐熟的堆肥、厩肥4000千克、过磷酸钙80～100千克、硫酸钾50千克或草木灰120～150千克作基

大棚豇豆栽培

肥。播种或定植前作好畦面，畦的形式与露地豇豆相同。

（3）播种与育苗。长江中下游地区大棚豇豆播种期宜在2月下旬至3月上旬或棚内地温稳定在10～12℃时。当棚内地温稳定在10～12℃，夜间气温高于5℃以上即可定植，方法、行株距均和露地架豇豆相同。

（4）田间管理。大棚豇豆管理与露地豇豆基本相同，不同点主要有。大棚内浇水次数和浇水量比露地要少，但追肥次数和数量比露地要多。豇豆在大棚播种至出齐苗或定植后4～5天内不进行通风换气，使棚内保持较高温度，以利出苗或缓苗。苗出齐后或定植苗活棵后，当棚内温度高于35℃以上时，宜在中午前后进行短时间的通风，防止茎叶徒长。为促使植株生长茁壮，从缓苗或齐苗后至开花前宜保持30～32℃，开花期宜保持23～25℃，高温、高湿会使授粉不良和茎叶徒长而导致落花落荚，5月下旬气温升高时就要加大通风，直至将薄膜全部撤除，之后与露地栽培管理相同。

（5）及时采收。大棚豇豆播种后55～60天或定植后48～55天即可采收嫩荚。一般从5月上旬开始采收，可一直采收至6月中下旬。每亩产量可达3000～3500千克。6月上旬前采收上市的豇豆经济效益高，亩产值是露地豇豆的3～4倍，且深受市场欢迎。

3. 大棚秋延迟栽培技术

塑料大棚豇豆秋延迟栽培，具有以下优点：一是大棚秋豇豆比大棚黄瓜、番茄栽培容易；二是大棚秋豇豆为多种蔬菜的良好前作植物；三是大棚秋豇豆对解决淡季和调剂市场蔬菜品种起到了一定作用。塑料大棚豇豆秋延迟栽培时苗期高温、多雨或干旱，开花结荚期温度逐渐下降，与春早熟栽培恰恰相反。因此，在栽培管理上应掌握以下几点。

（1）整地施肥。塑料大棚豇豆秋延迟栽培的前茬作物多为黄瓜、番茄、辣椒等，当这些作物拉秧后，先深耕晒土7～10天，并结合整地施足腐熟粪肥作基肥。播种或定植前作好畦。畦的形式、做法和露地豇豆相同。

（2）选用适宜品种。塑料大棚豇豆秋延迟栽培所用的品种与大棚豇豆春早熟栽培所用品种相同。

（3）播种育苗。塑料大棚豇豆秋延迟栽培，通常以距当地早霜到来前80天左右播种较为适宜。育苗移栽的宜在7月中下旬于塑料棚或露地搭棚遮阳播种，方法与露地豇豆相同，但要注意防高温暴雨，宜于8月上中旬定植，定植方法与露地豇豆相同。早播不仅实现秋延迟栽培的目的，且开花期温度高或遇雨季，易招致落花落荚或使植株早衰；晚播则生长后期温度低，也易招致落花落荚和冻害，使产量下降。

塑料大棚豇豆秋延迟栽培，生长期较短，植株较矮小，且秋季日照较充足，可适当缩小穴距，增加株数，提高产量。播种时土壤墒情要好，避免在烈日高温下种子出苗时缺水。播种不宜过深，以防大雨造成畦面板结，影响幼芽出土，或播种穴积水而造成烂种。育苗移栽的，宜将纸筒或营养土块埋入土中为好，栽后浇定根水，使纸筒或营养土块与土壤充分密接，以利早活棵、旺发棵。

（4）田间管理。塑料大棚豇豆秋延后栽培的管理工作，主要有以下几点。

①结合中耕浇水追肥。塑料大棚豇豆秋

延迟栽培出苗后气温仍较高，蒸发量大、消耗水分多，要适当浇水降温保苗，且注意中耕松土保墒，蹲苗促根，防止高温、多湿导致豆苗徒长。但从第1对真叶展开后要适当浇水追肥，促使植株加速生长发育，提早开花结荚。开花初期要适当控制浇水，且要做好雨后排水防涝。进入结荚期后植株需水、需肥较多，应及时浇水追肥，保持土壤湿润，以满足植株开花结荚的需要。

②插架、整枝。豇豆秋延迟栽培的插架、整枝方法与露地豇豆相同。

③保温防冻。长江中下游地区9月下旬以后，气温开始下降，就要扣棚保温。初扣棚时，周围下部薄膜不要扣实，以利通风换气。但随着气温逐渐下降，通风量也要逐渐变小，大棚四周的薄膜晴天揭开，阴天和夜间扣实。当外界气温下降到15℃，夜间要将全棚扣实，只利用白天中午气温较高时进行短暂的通风。若外界气温急剧下降，棚内最低气温降到15℃时，基本上不再通风，并在大棚下部的四周围上草帘保温防冻，促进嫩荚迅速膨大。当外界气温过低时，棚内豇豆不能继续生长结荚时应及时采收嫩荚，以防冻害。

④及时采收。塑料大棚豇豆秋延迟栽培，一般在播种后45～50天始收嫩荚，即从10月上旬可一直采到11月下旬。每亩产量2500～3000千克，亩产值是露地豇豆的2～2.5倍，深受市场欢迎。

（二）菜豆

1. 塑料大棚提前栽培技术

（1）品种选择。选择早熟、高产、耐低温、抗逆性强、抗病、耐弱光的品种，矮生、蔓生均可如美国供给者、优胜者、法国地芸豆、无筋菜豆、红花白荚等品种。早熟品种从播种至始收55天，豆荚鲜嫩，品质佳。

（2）播种育苗。菜豆可直播或育苗移栽。早春气温较低，为便于苗期集中管理，防止烂种死苗，宜在大棚内套小拱棚，以营养钵育苗移栽为好。播种期为1月上中旬，每亩用种2～2.5千克，1月下旬至2月中旬移栽定植。播种时为防止种子带病菌，保证苗全、苗齐、苗壮。播前要精选种子并用60～70℃水烫种。烫种时应不断搅拌，当水温降至25℃后，放置1～2小时，捞出沥干，即可播入营养土或纸袋内。

菜豆苗龄短，只要浇够底水，整个苗期土壤不过分干旱，一般不需要浇水。土壤水分适宜时，温度保持在20～25℃以下，2～3天可出齐苗。待子叶充分展开后，可降低温度，白天15～20℃、夜间10～15℃，以防止徒长，菜豆期以白天20～25℃，夜间15～20℃为宜。定植前，要逐渐降温，进行炼苗，使秧苗到定植前能经受夜间5～10℃的低温。这样的幼苗粗壮、耐寒、缓苗快。

（3）施足基肥，精细整畦。前茬作物收获后，即进行翻地晒白，晾晒去湿。整畦前，每亩施入腐熟有机肥2500千克、钙镁磷肥20～25千克作基肥。大棚宽为5米，每棚可整4畦，畦面宽1米，沟宽0.3米。

（4）适时定植。菜豆发根能力差，在幼苗展开后1对真叶必须及时移栽，每畦种植2行，行距50～60厘米，穴距25～30厘米，每穴2～3株，每亩3500～4000穴。移栽后及时浇定根水。

（5）田间管理技术要点。

①棚温调控。定植后，缓苗时一般不通风或少通风，棚内气温保持在30℃左右，同时要勤松土。缓苗后适当通风，晴天上午8～9时后打开两头棚门对流通风，以降低棚内温度，减少病害发生，下午3–4时及时关闭棚门蓄热保温白天保持棚温20～25℃，夜间10～15℃。阴天棚外气温较低，可利用午间打开棚门通风排湿或2～3天通风1次。霜冻降温天气要封闭棚门保温，并采取增温措施，苗期保持棚温20～25℃，现蕾开花期保持18～23℃。夜间不低于15℃，以利于开花结荚。要求适宜的空气相对湿度为65%～75%，若棚温高于32℃，湿度大于75%时，会引起落花落荚。

②肥水管理。菜豆的根系虽然吸收能力较强，但土壤干旱和养分不足，会引起生育不良，降低品质和产量。总的施肥原则为少施氮肥，增施磷钾肥，花前少施，花后多施。结荚期重施缓苗后可进行第一次追肥。浇施10%浓度人育粪尿，每50千克施加过磷酸钙、钾肥各0.1千克，现蕾露白后，进行第2次追肥，浇施20%浓度人畜粪尿，每千克加过磷酸钙、钾肥0.15千克。开花结荚后，以钾肥为主，配施氮磷肥，可浇施50%浓度人畜粪尿，并每千克加施尿素、过磷酸钙、钾肥各0.15千克。

菜豆根系较多，要求土壤在保持湿润的同时，有良好的通透性，因此需进行中耕、松土，以提高地温和保墒。至开花前可中耕两三次，中耕时，要防止伤根，并注意培土。土壤干旱时不宜进行沟灌。此外，花蕾露白时，可浇1次小水，此后至坐荚后再浇水，以利开花结荚，即所谓浇荚不浇花。同时注意植株甩蔓时及时插架。

③病害防治。大棚菜豆主要病害有炭疽病和锈病，详见第5章。

2. 冬暖大棚秋冬茬高产栽培技术

（1）品种选择。菜豆秋冬茬栽培宜选择分枝少、小叶型的中早熟蔓生品种。常用品种有嫩丰2号、一尺青、芸丰（623）、绿丰、丰收1号、老来少等。各地可根据当地市场的销售情况选择消费者喜欢的品种栽培。

（2）种子处理。

①用0.1%甲醛药液或50%代森锌200倍液浸种20分钟，清水冲洗后播种，可防止炭疽病发生。

②用50%多菌灵可湿性粉剂5克拌种1千克，防止枯萎病发生。

③用0.08%～0.1%的钼酸铵液浸种，可使秧苗健壮，根瘤菌增多。用钼酸铵溶液浸种时，应先将钼酸铵用少量热水溶解，再用冷水稀释到所需浓度，浸种1小时，用清水冲洗后播种。

（3）播种时期。根据设施的保温采光条件、栽培管理水平、种植茬口以及要求上市的时间来确定。8月下旬至10月上旬均可播种。早播产量高，晚播产量较低，但效益较好。如冬暖大棚保温采光条件好，管理水平高，可适当晚播，以提高经济效益。

（4）整地施肥。前茬收获后及时清除残株枯叶，浇1次透水，晒地2～3天。每亩施腐熟有机肥3000～4000千克、过磷酸钙50千克、氮磷钾复合肥或磷酸二铵30千克作基肥。深翻25～30厘米，晒地5～7天，耙平做成平畦、高畦或中间稍洼的小高畦均可，畦宽1～1.2米。

（5）播种方法。每畦内播2行，按穴距25～30厘米开穴，穴深3～4厘米，穴内浇足水，水渗后每穴播三四粒种子，覆土2厘米左右。不可把种子播在水中或覆土过深，以防烂种。播前覆地膜，并按穴距用铲刀在地膜上切成十字，开穴播种。播种后将切口恢复原位，并压上少许细土。幼苗出土后及时将出苗孔周围地膜封严，防止膜下蒸气蒸伤幼苗。

（6）田间管理。

①补苗。菜豆子叶展开后，要及时查苗补苗。保证菜豆苗齐是提高产量的关键措施之一。

②浇水。播种时底墒充足的，从播种出苗到第1花序嫩荚坐住，要进行多次中耕松土，促进根系、叶片健壮生长，防止幼苗徒长。如遇干旱，可在抽蔓前浇水1次，浇水后及时中耕松土。第1花序嫩荚坐住后开始浇水，以后应保证较充足的水分供应。

③追肥。第1花序嫩荚坐住后，结合浇水，每亩追施硫酸铵15～20千克、尿素10千克，配施磷酸二氢钾1千克，或施入稀薄的人粪尿1000千克。之后根据植株生长情况结合浇水再追肥1次。生育期间可进行多次叶面追肥，亦可结合防治病虫用药时进行。叶面肥可选用0.2%尿素、0.3%磷酸二氢钾、0.08%硼酸、0.08% 钼酸铵、光合微肥、高效利植素等。

④化控。幼苗三四片真叶，叶面喷施15×10^{-6}多效唑可湿性粉剂，可有效地防止或控制植株徒长，提高单株结荚率20%左右。扣棚后如有徒长现象，可再喷1次同样浓度的多效唑。开花期叶面喷施（10～25）$\times10^{-6}$萘乙酸及0.08%硼酸，可防止落花落荚。

大棚菜豆栽培

⑤吊蔓。植株开始抽蔓时，用尼龙绳吊蔓。吊蔓绳要长于地面到棚顶的距离，以便植株长到近棚顶时，在不动茎蔓的情况下落蔓、盘蔓，延长采收期，提高产量。落蔓前应将下部老叶摘除并带出棚外，然后将摘除老叶的茎蔓部分连同吊蔓绳一起盘于根部周围，使整个棚内的植株生长点均匀分布在一个南低北高的倾斜面上。

⑥扣棚管理。冬暖大棚一般在10月上旬扣棚，扣棚后7～10天内进行昼夜大通风，随着外界温度的降低，应逐渐减少通风量，以降低棚内温度和湿度。在外界最低气温13℃时，夜间关闭底风口，只放顶风，夜间气温低于10℃时关闭风口，只在白天温度高时通风。11月下旬以后，夜间膜上盖草苫，防止植株受冻，延长采收期。扣棚后温度管理原则为：出苗后，白天温度控制在18～20℃，25℃以上要及时通风，夜间控制在13～15℃。开花结荚期，温度保持在白天18～25℃，夜间15℃左右。温度高于28℃、低于13℃都会引起落花落荚，应避免夜间高温。

七、叶菜类蔬菜设施栽培技术

（一）苋菜

1. 品种选择

选择适宜于大中棚春季早熟栽培的品种。如产量高、抗逆性强、耐寒的彩色苋，红圆叶形的武苋圆叶、圆叶红苋、大红袍、全叶红、穿心红（红猪耳朵）等品种。

2. 整地、作畦、扣棚

前茬作物收获后，三耕三耙，使耕作层疏松、无土块。根据地形开沟作畦，一般按2米开厢，抢墒扣棚，以利防雨、控湿、增温。

3. 施足底肥

苋菜生育期短，具有极强的吸肥能力，结合整地每亩施腐熟猪粪4000～5000 千克，加施复合肥25～50千克或复合生物有机肥150千克。猪粪及生物有机肥于播种前10～15天施于土壤中，用旋耕机进行耕作，使肥料与耕作层进行充分混合，复合肥于播种前2～3天施入土壤中。

4. 适时播种

（1）播种时间。1月开始抢晴天播种。

（2）播种方法。播种前1天，浇透底水，第2天用细耙疏松畦面后播种。播后立即覆盖地膜，加盖小弓棚，密闭。

①一次性播种法。每亩播量为2～2.5千克，拌适量的细土一次性撒入田块中。

②梯度播种法。第1批种子提前12天浸种催芽，第2批提前5～6天浸种，第3批为干种子。3批种子充分混合同时播种，总播量每亩为1.5～2千克，每批的播量为总播量的1/3。

③间播间收播种法。第1次的播量每亩为1.5千克，每采收1次后立即进行补种，补种量每亩为0.5千克。补种次数根据市场的行情和苗情而定，如果行情好可多次补种，如果老苗过多可一次性采收，然后重新播种，每亩用种量为1千克。

5. 田间管理

（1）温度管理。苋菜是一种喜温耐热的作物，早春栽培时保温措施至关重要。从播种到采收棚内温度要保持在20～25℃，需要覆盖两三层，即大棚里面套小棚，特别寒冷时应在小棚上再加盖一层薄膜或草包等保温材料。

（2）肥水管理。在浇足底水的情况下，出苗前不再浇水，出苗后如遇天气晴好结合追肥进行浇水，如遇低温严禁浇水，以免引起死苗。浇水施肥方法：复合肥均匀撒入厢面，将水抽入沟中并兑清粪水用瓢泼浇（在采收后的1～2 天进行）。每采收1次，泼1次水，追1次肥，复合肥每亩每次用量为10～15千克，稀粪水每亩每次用量为350～500千克，浓度为50千克粪兑水450千克。

（3）通风透光。为了使苋菜长得壮、叶片厚、色泽红、无病害，通风是关键。苋菜栽培在出苗前以保温为主，四周大棚及小弓棚扎紧密闭，苗全后及时揭地膜并通风。通风时应：先小后大，即先将大棚两头打开，关闭内棚，后揭小棚膜，大棚两头关闭，两种方法交替使用。在不使苋菜受冻的情况下让其多见光，当温度稳定在20～25℃时，揭去小弓棚，并同时打开大棚的两头。在晴天的中午为宜，每次通风2小时左右。

苋菜播种

苋菜大棚栽培

苋菜多层覆盖栽培

6. 间苗采收

当植株长到15厘米左右，八九片叶时，间大苗上市，并注意留苗均匀以提高产量。

7. 病虫害防治

苋菜主要病害是苗床猝倒病，其防治方法主要有：一是做好床土消毒。按每亩苗床撒施50%多菌灵8克或用噁霉·福美双1500倍液或噁霉灵3000倍液喷洒床土。二是药剂防治用72.2%霜霉威800～1000倍液或53%甲霜锰锌500倍液或噁霉·福美双1500倍液喷雾防治。主要虫害是小地老虎及蚯蚓，可用90%敌百虫晶体1000倍液或50%辛硫磷1000倍液喷土。

8. 叶面肥使用

在深冬季节，土壤温度低，植株根系

活力弱，影响对土壤中肥料的吸收。另外，棚内苋菜生长快，易出现微量元素缺乏，因此，要注意施用叶面肥，在2片叶时喷施植保素8000 倍液、滴滴神500倍液、绿芬威2号1000倍液等叶面肥，可促进苋菜生长，提高产量和质量，从而获得较高效益。

（二）大白菜

武汉地区的大中棚早春蔬菜在6月中旬相继拉秧腾茬。大白菜在保护地条件下更有利于稳产、丰产，这是武汉6～8月高温、暴雨的气候所决定的，所以武汉地区大白菜生产既可安排在露地（投入少，环境不可控，特殊年份风险较大）进行，也可安排在大棚保护地（投入较大，环境可控性好，风险小）进行全程避雨以及任意时间的遮阳栽培。选择保护地进行大白菜生产时，注意掀开棚边膜随时通风以降温、降湿。

1. 品种选择

选择适销对路且适合当地气候条件栽培的品种，播种前应先小面积试验再大面积推广。武汉地区适宜的大白菜品种为速生9号、早熟5号。

2. 播种育苗

播前应做发芽实验，准确掌握种子的质量、千粒种子质量，以便做到精播、匀播，避免播种量不足或者播种过量，减少后期补播或多次间苗等额外工作。播种时应将种子称重后平均分配到每一厢，种子拌细土均匀播下，尽量做到均匀一致，有条件的地方提倡机械化播种。播种前1天，先用带莲蓬头的水管将畦面均匀浇透，浇水程度以第2天播种时刚能手将土壤捏成坨为宜，临播种时再用钉耙将畦面均匀地耙一遍，然后撒播种子。

3. 苗期管理

播完后，畦面及时覆盖遮阳网或一薄层碎稻草、麦秸等，再用带莲蓬头的水管或自动喷水带对畦面均匀浇1次水，做到一水齐苗。两三天后种子刚刚出土，此时苗床如需浇水，可于傍晚对畦面遮阳网再喷1次水；等遮阳网上的水沥干后及时揭去，该项工作不能拖延，一则由于见光延迟苗情细弱，二则防止小苗易快速生长至遮阳网网眼中，导致揭网困难。

4. 生长期管理

（1）水分管理。苗出齐前后及时布置好喷水设备，1条喷水带喷出的水雾可供应幅宽4米的畦面，8米宽的大棚只需2根喷水带即可，水带喷出的水雾细且均匀，不会使土壤板结，非常适合快生菜的生长，同时又可实现农药、肥料、除草剂等的一体化管理，大大减轻劳动强度，实现省力、省时、省工的目标。

（2）光照管理。棚顶膜上的遮阳网晚揭早盖，在保证作物不受高温伤害的前提下尽量延长作物的光照时间，遇干旱时宜傍晚浇水，做到轻浇、勤浇，勿使土壤湿度过大。

（3）防虫设施。随时检查防虫网四周是否压实，严防害虫侵入；注意及时观察棚内黄板、性引诱剂等防虫设备的悬挂位置是否合理。

（4）间苗。如果苗情过密，应及时间苗和上市，大白菜在拉十字时第1次间苗，间去过密的小苗，当幼苗长出4片真叶时进行第2次间苗，间去病弱苗，使株行距达到8厘米×8厘米，同时拔去杂草。

（5）虫害防治。大白菜虫害较重，主要害虫有黄曲条跳甲、美洲斑潜蝇、菜青虫、小菜蛾、甜菜夜蛾、斜纹夜蛾、烟粉虱等。在做好农业防治与物理防治的基础上，优先进行生物防治，科学合理地进行化学防治。选用高效、低毒的化学农药，注意农药的安全间隔期，避免农药残留超标蔬菜的产出，一般收获前10天停止使用农药。

黄曲条跳甲可选用48%毒死蜱乳油1000倍液或50%辛硫磷乳油1000倍液喷雾防治；美洲斑潜蝇孵化高峰期可选择48%毒死蜱乳油1000倍液、1.8%阿维菌素乳油1000倍液、10%吡虫啉可湿性粉剂2000倍液或10%虫螨腈悬浮剂2000倍液等进行喷雾防治；小菜蛾用5%阿维菌素可溶剂5000倍液、10%虫螨腈悬浮剂1000倍液或5%氯虫苯甲酰胺悬浮剂1000倍液喷雾处理；甜菜夜蛾选用2%甲维盐可溶剂1000倍液、10%虱螨脲悬浮剂3000倍液、240克/升甲氧虫酰肼悬浮剂3000倍液、20%氟苯虫酰胺水分散粒剂4000倍液、10%溴氰虫酰胺可分散油悬浮剂3000倍液、5%氯虫苯甲酰胺悬浮剂1000倍液或22%氰氟虫腙悬浮剂800倍液等药剂防治，喷药时间以早晚为宜。

（6）草害防治。为预防大白菜滋生杂草，播后出苗前，每亩选用48%仲丁灵150毫升兑水75千克均匀喷雾、33%二硝基甲苯胺乳油150毫升、72%异丙甲草胺乳油10毫升或50%乙草胺乳油150毫升兑水55千克均匀喷施于畦面进行化学除草。如果播种时未施除草剂，可在禾本科杂草长出两三叶时喷氟吡禾灵等选择性除草剂，以杀死大部分禾本科杂草，从而减轻人工除草的劳动强度。

（7）采收处理。大白菜播后应适时采收。收获时剔除烂叶，将大白菜扎成0.5千克左右的小把，利用干净井水浸泡冲洗以降温、保鲜，立即就近销售。有条件的情况下，可放入冷库中进行预冷，保持新鲜品质，再集中销售。

大棚大白菜栽培

大棚大白菜品种筛选

（三）小白菜

小白菜又称白菜、青菜、油菜等。小白菜适应性强，产量高，供应期长，栽培容易，其产品鲜嫩、营养丰富，我国南北各地均广泛栽培，为最重要的叶菜之一。小白菜喜冷凉气候，种子发芽适温为20～25℃，生长期短，植株生长适温为18～20℃，耐热性较差；喜充足阳光，在整个生长阶段都需要充足的水分。

1. 品种选择

可选用的小白菜品种如苏州青、上海青、四月慢、矮抗青、矮杂2号、矮杂3号、矮抗1号、中萁白梗菜、乌塌菜、矮脚黄、南京矮脚黄、瓢儿菜、白帮油菜、青帮油菜、油冬儿、夏白菜、坡高白菜等。不同地区应根据当地环境、品种特性及消费需求等因素选择品种。

2. 播种育苗

（1）苗床准备。苗床宜选择未种过十字花科蔬菜、保水保肥力强、排灌良好的田块，早春和冬季宜选择向阳、避风的田块，前茬收获后要早耕炕晒，以减轻病虫为害。整地之前要施足基肥，每亩施腐熟粪肥2500千克、腐熟菜籽饼肥50千克。苗床宜采用深沟高畦，畦宽2～2.5米。每亩苗床播种量宜为秋季0.75～1千克，早春和夏季1.5～2.5千克。苗床与大田面积比宜为早秋季1：3～4，秋冬1：8～10。

（2）种子处理。同大白菜。

（3）播种期。栽培上一般分为三季栽培。第1季为秋冬白菜，一般进行育苗移栽，以采收成熟的植株为主。江淮中下游8月上旬至10月上中旬、华南地区9～12月陆续播种，分期分批定植。第2季为春白菜，又分为“大菜”和“秧菜”（小白菜、鸡毛菜）。大菜于晚秋播种，适宜播期分别为江淮中下游地区10月上旬至11月上旬，华南地区可延至12月下旬至次年3月。秧菜宜于早春播种。春白菜需要育苗移栽的，可以用塑料薄膜或冷床覆盖育苗。第3季为夏白菜，5月上旬至8月上旬播种，播后20～30天采收幼嫩植株。

（4）苗床管理。秋冬小白菜一般采用露地育苗移栽法。苗床应选择阴凉的通风处，必要时还要覆盖遮阳网以提高出苗率和成苗率。

夏白菜栽培正值高温、炎热、暴风雨季节，一定要采用遮阳网覆盖栽培。夏白菜每亩播种量为1～1.5千克。小白菜播种齐苗后，需进行2次间苗、匀苗。

3. 整地、作畦、施基肥

小白菜栽培应避免连作，特别是育苗用地。土壤要翻耕晒干，并施用腐熟有机肥作基肥。通常畦面宽1.7米左右（包沟），沟深30～40厘米。在整地时，可用33%二甲戊灵或氟乐灵600倍液，均匀喷洒以防治病虫害，浅耙表土。

4. 定植

苗龄一般不超过25～30天，但晚秋或春播苗龄宜40～50天。

大田定植株行距一般为20～25厘米。定植后应及时浇定根水，气温高时每天浇2次水，一般温度条件下每天浇1次直至成活。

采用大田直播时要求均匀撒播。秧菜栽培时，每亩播种量宜为1.5～2千克。

5. 田间管理

（1）肥水管理。夏天或干旱季节应注意浇水，宜轻浇、勤浇，并在早晚浇水为宜。高温季节宜利用遮阳网进行覆盖栽培。高温、干旱季节，可肥水结合施用。追肥宜用20%浓度的腐熟沼气水肥浇施，每10～15天浇1次，追施两三次。第2次或第3次追肥时，每亩宜同时施入硫酸钾5千克。但秧菜（鸡毛菜）栽培时不宜追肥。注意最后一次施肥距采收之间的间隔应不少于30天，覆盖遮阳网的应在采收前5～7天拆除覆盖。

（2）病虫害防治。同大白菜。

6. 采收

育苗定植栽培的，采收标准为外叶叶色开始变淡，基部外叶发黄，叶簇由旺盛生长转向闭合生长，心叶伸长平菜口。秋冬白菜宜在严冬前采收，春白菜宜在抽薹前采收。长江流域秋白菜定植30～40天后可陆续采收，春白菜需120天以上才可采收。华南地区播种至采收需40～60天。秧菜栽培时，2～3月播种的，播后50～60天可采收；6～8月播种的，播后25～30天可采收。一般为一次性采收，亦可先间拔采收小苗，随着植株生长，陆续采收。

大棚小白菜栽培

（四）芹菜

大棚芹菜栽培多在8月播种育苗，10月定植，元旦春节前后供应市场，每亩产量可达10吨以上，经济效益非常可观。

1. 品种选择

根据大棚的芹菜夏季高温时播种、保护地生产的特点，应选用耐热抗寒、抗病、高产 的优质品种，如开封玻璃脆、天津黄苗和津南实芹等。

2. 培育壮苗

大棚芹菜的苗龄为50～60天。播种时正值高温、多雨的季节，苗床应选择地势高、通风良好、排灌方便、富含有机质的沙壤土地块。深翻耙细，作成宽1～1.2米、长5～6米的平畦。床土配制为园田土5份、腐熟有机质3份、大粪干2份，混匀过筛后施用。芹菜种子的发芽适温为15～20℃，播前选择晴天晒种2～3天，并用冷水浸种24小时，同时多次搓洗换水，直到水清为止。捞出后滤净水，摊开晾种，等种子干湿适度时，用湿布包好吊放在井内水面上30～40厘米处或冰箱冷藏室催芽。80%种子露白时，于晴天傍晚或阴天播种。待播种前先灌足底水，等水渗下后，将掺有细沙的种子均匀撒于畦面，然后盖过筛细土0.5厘米厚。覆土后上撒5%辛硫磷颗粒剂每亩2～2.5千克以防治地下害虫。为保温、降温、防雨，播种后在苗床上方1米处搭棚。出苗前保持土壤湿润不板结，早晚用凉水喷洒畦面。齐苗后掌握小水勤浇的原则，待苗长至一两片真叶时，减少浇水次数，并在阴天或午后撤去棚，以防苗徒长。此时可进行第1次间苗，苗距1.5厘米。长出三四片真叶时进行第2次间苗，苗距3～4厘米，并结合浇水亩追尿素20千克，待苗高长至10厘米左右，四五片真叶时即可定植。

大棚芹菜栽培

3. 定植

定植前亩施腐熟有机肥500千克以上、复合肥50千克、硫酸钾20千克，耕翻耙平后作畦，保持畦面平整。在阴天或下午定植，取苗时主根于4厘米处铲断、按大小将苗分类，分别栽植使生长整齐。定植深度以埋住根茎为度，株行距为10厘米×30厘米。定植后随即浇水。

4. 田间管理

缓苗期保持土壤湿润，雨后及时排除积水。缓苗后暂时控制水分，蹲苗10天左右，促进发根。然后结合浇水追肥两三次：第1次在10月上旬，每亩追尿素12千克；10～15天后第2次追肥，每亩施饼肥250千克左右；第3次11月上旬追肥，每亩追大粪100千克，同时5～7天浇1次水。在10月底或11月初，气温降到10℃以下时及时扣棚，扣棚后管理重点是控制温度，前期主要是通风换气，白天棚温控制在20～25℃，夜温13～18℃为宜。

5. 病虫害防治

危害大棚芹菜的主要病害有斑枯病、疫病，可用70%甲基硫菌灵、64%的噁霜灵、75%的百菌清、70%代森锰锌等可湿性粉剂交替喷雾防治。主要害虫为蚜虫，可用10%吡虫啉乳剂每隔5～7天，交替使用两三次防治。

6. 采收

大棚芹菜采用擗收方式，当株高达60厘米以上时，即可采收。每20～25天擗收一茬，一般擗收四茬。每茬擗收前2～3天浇水，以增加产量，提高品质。擗收后3～5天结合追肥浇水，亩施尿素15～20千克。

（五）莴笋

莴笋是一种以茎用为主又兼叶用的莴苣，其茎大如笋，故称莴笋。莴笋茎质脆、味美，且莴笋适应性强，易栽培，产量高、效益可观。因此，因地制宜地积极推广莴笋是提高耕地利用率和综合生产能力，增加农民收入的有效途径。

1. 品种选择

国内莴笋常用品种有：尖叶莴笋、紫叶莴笋、桂丝红、圆叶莴笋、二白瓜密节巴莴笋、尖叶鸡腿笋等10个品种。武汉栽培的莴笋多属外地引进品种，目前生产上用的品种主要有尖叶莴笋、圆叶莴笋、紫叶莴笋、桂丝红、绿叶莴笋及其变种。

2. 栽培季节及播种期

莴笋的主要栽培季节是春秋季。如今，由于保护措施日趋完善，栽培技术不断提高，基本上可以不受季节限制，做到周年供应。按其收获期可将其分为春莴笋、夏秋莴笋、秋冬莴笋和冬春莴苣4类。

（1）春莴笋。春莴笋是指春节收获的莴笋，要求供应期尽量提早，以缓解蔬菜市场供需矛盾。春莴笋一般采用露地栽培，如能利用塑料棚温室栽培，可使采收期比露地早1个月左右，效果更好。春莴笋播种期一般在10月至11月上旬，定植期在11月至12月下旬，收获期在3月下旬至4月下旬。

（2）夏秋莴笋。夏秋莴笋主要在7月上旬至8月上旬播种。这茬莴笋生产中存在的主要问题是未熟抽薹、过早抽薹，肉质茎发育不良，细而长，商品性差，产量低。育苗期正处高温期，种子必须经过低温处理才能迅速发芽。定植期在7下旬至8月下旬，收获期在9月下旬至10月下旬。

夏秋莴笋生产中出现的未熟抽薹现象，主要原因是感温性强的品种，受高温影响所致。为避免未熟抽薹，提高夏秋莴笋产量品质，必须选用感温性弱的品种，如尖叶莴笋、紫叶莴笋和圆叶莴笋。

（3）秋冬莴笋。秋冬莴笋的播种期一般在8月下旬至9月上旬，定植期在9月中旬至9月下旬，收获期在11月上旬至12月上旬。

（4）冬春莴笋。冬春莴笋是指秋播冬收的莴笋，播种期和收获期均比秋冬莴笋晚，但播种育苗期温度仍然偏高。冬春莴笋收获期晚，遇到0℃的低温后容易受冻。一般播种期在9月中下旬，定植期在10月上旬，收获期在12月中下旬。

3. 育苗与移栽

（1）苗床及土壤选择。莴笋根系较强健，但分布浅，主要集中在20厘米左右的土层中，对深层肥水吸收能力较弱，加之其叶面积大，因此应选择地势平坦、土质肥沃、保水力强的土壤作为苗床和移植地。

（2）苗床和移植地整理。在施足有机肥料作底肥的基础上，深耕苗床和移植地，使土粒细小、均匀一致，疏松平整、通透性好，以利笋苗生长发育。

（3）种子低温处理。夏秋莴笋播种期正值高温期，不利发芽，而且常因胚轴灼伤而引起倒苗。因此，夏秋莴笋种子进行低温处理具有促进出苗的效果。低温处理时，把种子用纱布包好放在水缸等阴凉处，每天用凉水冲洗两三次，在5~10℃中处理2~4天，在10℃中处理3~4天就会发芽露白。也可将种子用纱布包好，放进电冰箱的冷藏室最下层，24小时后用清水冲洗后再放入冰箱，一般48小时就可发芽露白。当大部分种子发芽露白后，立即播种。

（4）播种。苗床播种量一般为每亩0.6千克，可供15~20亩地栽植。采用撒播法播种，干燥的种子趁墒播或落水湿播均可。干播时将苗床整好后均匀撒入种子，浅锄耙平，轻踩一遍，使种子土壤紧密结合，然后再轻耙一遍，使表土疏松，既有利于保墒，又有利于幼苗出土。落水湿播时，先在苗床淋水（最好淋腐熟人畜粪尿水），水渗透土壤后，均匀撒入种子并覆盖一层细土厚约0.5厘米。夏秋莴笋应选择阴天或晴天下午播种，播种后用草帘覆盖，既能保持土壤水分，又能防止阳光直射，避免温度过高。开始出苗后于傍晚或阴天揭开草帘，切忌晴天上午揭开草帘以避免笋苗被强光晒死。

（5）苗床管理。主要是间苗和肥水管理。出苗后要及时分多次间苗，在三四片真叶时再分苗1次，使苗距保持4~7厘米。笋苗间距大，个体发育好，生长健壮。移植后，苗床遇旱要及时浇水，保持苗床湿润。笋苗达2片真叶时结合间苗可追施一次腐熟稀薄人畜粪尿水。

（6）移栽定植。春播和秋末冬初播种莴笋，一般在播种后40天左右，笋苗具有6片真叶时移栽。夏播和秋播莴笋一般在播后30天左右，笋苗具有3~5片真叶移栽。移栽定植田地在施足有机肥的基础上，亩施复合肥60公斤，采用深沟高垄栽培。栽植深度以淹没根茎为度，过深不易发苗。选择阴天或晴天下午移栽定植，提倡带土移栽，尽量少

大棚莴苣栽培（一）

大棚莴苣栽培（二）

伤根，以利笋苗生长发育。移栽定植后及时浇稳根水，直至苗活为止。移栽株行距一般为25厘米×35厘米。

4. 田间管理

莴笋喜湿润，忌干燥，管理不当时，植株长势弱，产量低，品质差，甚至会过早抽薹，失去食用价值。实践证明，养分不足、水分过多或过少等都是造成莴笋产量低、品质差的主要因素。因此，加强肥水管理是提高莴笋产量，增进品质的主要措施。

（1）科学施肥。

①定植成活后，轻施1次速效肥。每亩用尿素5千克兑水施或用稀淡腐熟人畜粪尿水施，以促进根系发育，笋苗快速生长。

②当叶片由直立转向平展时，结合浇水，重施开盘肥，每亩施尿素20千克。

③当嫩叶密集，茎部开展膨大时，结合浇水，每亩施尿素30千克或施足人粪尿，促进发叶、长茎。

（2）合理管水。

①移栽定植后，经常浇水，保持土壤湿润，直至苗成活。

②定植成活后，结合施肥浇水1次。

③当叶由直立转向平展时，结合施肥浇水1次。

④当嫩叶密集，茎部开始膨大时，结合施肥浇水一次。总之，莴笋喜湿润，忌干燥。在莴笋整个生长发育过程中，都要经常灌水，始终保持土壤湿润但应注意不能积水。

（3）适时喷施增产素。在莴笋茎部开始彭大时，用0.05%~0.1%丁酰肼溶液或0.6%~1%矮壮素溶液或0.05%多效唑溶液喷施叶面一两次，可推迟莴笋抽薹，增产30%以上。因此，适时喷施增产素是提高莴笋产量的重要措施，应积极推广。

（4）及时防治病虫害。莴笋主要病害是霜霉病，春秋季均会发生，尤以当植株封垄后，雨多时发生严重。除适当地摘除下部老叶、枯叶，加强通风透光外，应及时喷施波尔多液或多菌灵等农药防治。

5. 适时采收

由于莴笋在肉质茎伸长的同时就已形成花蕾，很快就会抽薹开花，所以采收期很集中。若迟收，则因开花耗费肉质茎内的养分，不仅茎皮粗厚，也易出现空心；若采收过早，产量又低。一般在花蕾出现前，心叶与外叶相平时采收为宜。此时肉质茎膨大生长基本结束，质地脆嫩，品质好，产量高。

图书在版编目（CIP）数据

设施蔬菜安全高效生产关键技术 / 姚明华，汪李平，周国林主编．-- 武汉：湖北科学技术出版社，2016.7

（湖北省园艺产业农技推广实用技术丛书）

ISBN 978-7-5352-8889-9

Ⅰ．①设… Ⅱ．①姚… ②汪… ③周… Ⅲ．①蔬菜园艺—设施农业 Ⅳ．①S626

中国版本图书馆CIP数据核字(2016)第136832号

责任编辑：张丽婷　　封面设计：胡　博

出版发行：湖北科学技术出版社　　电话：027－87679468

地　　址：武汉市雄楚大街268号

（湖北出版文化城B座13－14层）　　邮编：430070

网　　址：http://www.hbstp.com.cn

排　　版：武汉藏远传媒文化有限公司　　邮编：430070

印　　刷：武汉市金港彩印有限公司　　邮编：430023

787×1092　1/16　6.75印张　100千字

2016年7月第1版　　2016年7月第1次印刷

定　　价：24.50元